Estudios PSI

Ilustración de cubiertas: Valeria Nogueira
Diseño de colección: Gerardo Miño
Armado y composición: Eduardo Rosende

Edición: Primera. Octubre de 2024

ISBN: 978-84-19830-77-7

Código Thema: PSAN [Neurosciences]
VSPX [Neuro Linguistic Programming]
QDTM [Philosophy of mind]
QDTN [Philosophy: aesthetics]

Lugar de edición: Buenos Aires, Argentina

Depósito legal: M-22861-2024

dirección postal: Tacuarí 540 (C1071AAL)
Ciudad de Buenos Aires, Argentina
tel-fax: (54 11) 4767-0421
e-mail producción: produccion@minoydavila.com
e-mail administración: info@minoydavila.com
web: www.minoydavila.com
redes sociales: @minoydavila, www.facebook.com/MinoyDavila

La era del neuroTodo II

Neuroética y neuroestética, ¿Reduccionismo exagerado?

Guillemo Javier Nogueira

ÍNDICE

Agradecimientos 9

Diálogo a modo de prólogo entre el autor y Miguel Benasayag....... 11

INTRODUCCIÓN 19

CAPÍTULO I
Definiciones.. 27

CAPÍTULO II
Ética 35

CAPÍTULO III
Estética 43

CAPÍTULO IV
Ciencia 57

CAPÍTULO V
Reflexiones.. 71

CAPÍTULO VI
Conclusiones 103

CAPÍTULO VII
Epílogo y justificación.. 115

BIBLIOGRAFÍA.. 137

A mi biblioteca, refugio de solaz en las buenas y en las malas. Fuente inagotable de conocimiento y sorpresas.

En ella también a mis padres, a la familia Bernardez y a mis maestros de la escuela primaria que con su ejemplo alentaron mis lecturas e hicieron de los libros y su atesoramiento una de mis acciones más valiosas

AGRADECIMIENTOS

A Sebastián Olivera y a Gustavo Cadaveira, quienes me ayudaron y sostuvieron frente a los diversos avatares de escribir un libro que fuera legible tanto desde su contenido como desde su concreción formal en la sorprendente y traviesa computadora.

A mi familia y mis amigos de siempre por estar ahí.

A los editores por su paciencia, buena voluntad y ese amor por los libros.

A Jaime Tallis, Miguel Benasayag, Roberto Frenquelli que valientemente aceptaron prologar mis libros siendo benévolos con mi capacidad y severos con su lectura.

DIÁLOGO A MODO DE PRÓLOGO ENTRE EL AUTOR Y MIGUEL BENASAYAG

B- Me parece interesante dialogar acerca de los ejes que motivaron este ensayo.

N- La idea surgió hace bastante tiempo al percibir la creciente utilización del término neuro como prefijo a la denominación de prácticamente cualquier conducta humana, con la notable, preponderante, elección de hacerlo en su comienzo estudiando la toma de decisiones en el mercado y la economía (el neuro-marketing). Luego se fue extendiendo a una generalización en manos de diferentes divulgadores con diversas motivaciones. Su inicio tuvo que ver con el interés de grupos de poder dedicando enormes recursos para investigar y conocer precisamente los determinantes de esas mismas conductas. Un ejemplo inicial fue La Década del Cerebro en Estados Unidos, luego repetida y difundida por diferentes gobiernos y países. La apuesta fue y sigue siendo el conocimiento del cerebro como el generador exclusivo; un reduccionismo a lo puramente biológico; a mi juicio extremo e innecesario, y por ello tal vez, equivocado. El error no consiste en estudiar el cerebro, sino en el reduccionismo triple de mirar solo a él y no también al cuerpo su portador, ni al ser humano, el todo. El motivo para concretar la idea en un ensayo, fue la preocupación por la extensión un tanto irreflexiva de neuro a Todo, sin mejorar realmente nuestro conocimiento y comprensión del fenómeno humano, en el contexto de la naturaleza y el universo. En realidad esto dio nacimiento al primer libro, La era del neuroTodo, una introducción general. Este segundo paso, tiene que ver con otras conductas humanas muy trascendentes, que ameritan un tratamiento en particular: ética y estética. Confieso una cuota de preocupación por un reduccionismo que creo intencional, muchas veces para imponer un disfraz de certeza absoluta e invariable a cosas que no la tienen, apelando a la ciencia y las matemáticas con objetivos no siempre claros o confesables.

No quedan dudas que para abordar un problema complejo hay que reducir, fragmentar, pero al mismo tiempo ser consciente que en algún momento lo vas a tener que juntar, unir. Incluyo además la idea que la suma de las partes no es igual que el todo, porque cada parte lleva una función que debe ser conocida, ya que agrega algo en particular que hace a su función.

B- Es que ese reduccionismo ya se utiliza como metáfora al hablar de neuronas artificiales. Hay de repente como un movimiento mágico de olvido, en el que la gente utiliza una metáfora y se olvida que es una metáfora. Yo pienso que es muy importante que un neurólogo con experiencia pueda de repente decir ¡CUIDADO!, porque lo que ustedes llaman neurona, no tiene nada que ver con la conexión, con el input / output. Una neurona tiene una memoria celular y una memoria no es simplemente el flujo de un impulso nervioso, sino que, con respecto a la frecuencia de sus disparos, su ubicación en una red, en un cerebro, dentro de un cuerpo, va a modificar su estructura anatómica y fisiológica de acuerdo a la experiencia y según el flujo con que está participando. Yo creo que también ese es un elemento fundamental que hay que poder decir ¡EPA! como una reacción de conocedor temeroso: UN MOMENTO, como neurólogo les presto, si quieren, la metáfora por un rato, pero cuidado, ES UNA METÁFORA, la neurona no funciona así. Lo que ustedes llaman neurona se empieza a modificar con respecto al contexto, tipo de información, frecuencia de disparos. Una neurona no transmite el impulso de manera similar en todo tipo de sinapsis, en todo tipo de situación; si funciona bien, tiene que seguir transmitiendo impulsos de manera similar, pero manteniendo sus variantes por ser plástica.

Es un punto valioso, fundamental en la riqueza de tu trabajo, decir: acá se está legitimando, al autorizar algo que en realidad no merece esa legitimación, dado que es una metáfora débil e imprecisa.

El otro punto que a mí también me parece fundamental, es que por supuesto no hay ciencia sin reduccionismo. No se puede decir a la ligera, peor es abordar la totalidad. Hay dos cosa que vos decís, el reduccionismo tiene que estar vinculado a la complejidad del sistema en particular y además, en este caso y por sobre todo, no solamente en lo orgánico el todo no es la suma de las partes, sino que en lo orgánico, por los mecanismos de inhibición, el todo es menos que la suma de las partes. Hay mecanismos de regulación e inhibición que hacen que ese todo actuando orgánicamente no sea solo la suma, tampoco es más que la suma de las partes, por regulación, es menos, que la suma de las partes. De esa manera señalas el error que se comete.

N- Reconozco pensar bastante "a la Morin". Es así, porque todos mis maestros eran maestros de la duda. Valoraban la utilidad del error como puerta a otro camino. De ese modo fui entretejiendo la influencia y el impacto de lecturas sobre mecánica cuántica, con la idea de los niveles. Empezamos con un cerebro macroscópico y ahora estamos en el nivel nano de los componentes de partes moleculares de su estructura. Vamos cada vez a un objeto más pequeño, ya invisible dentro del límite de nuestros sentidos. Recuerdo a Claude Bernard y su idea que lo que se gana en extensión se pierde en profundidad. También lo uno a tu valiosa idea de la transducción aplicada a ese interrogante fundamental que es el problema mente - materia y su asociado naturaleza- cultura que abordara M. Bunge con ahínco. De lo macro a lo nano, también lleva a considerar las ideas de borde, límite y frontera.

B- Nadie puede oponerse a pensar que otro nivel de conocimiento abre una serie de desconocimientos. Recordando a M. Bunge y su postura muy crítica del psicoanálisis, pienso que quizás surge también de un reduccionismo a pesar de todo; querer aplicarle las ciencias exactas al psicoanálisis.

N- Me interesé por lo mental sumando Borges a la física cuántica, Heisemberg, la incompletitud, el infinito. Abordamos niveles cada vez más micro y ahora estamos en partes de partes de una neurona. Neuronas de a una, metabólicamente activas, a nivel molecular, en un cerebro vivo, humano, funcionando en toda su complejidad. Por otro lado el infinito, considerado así porque no podemos poner un punto de partida.

Fantástico, pero al tratar de armar esto en un todo coherente, te pierdes en un imposible, tal vez un laberinto borgeano.

B- Ese es el problema de la biología molecular que es bottom up, solamente bottom up. Ahí entramos en una discusión, porque yo pienso que la complejidad en la biología no emerge a partir de los niveles, sino que se da, en todos los niveles. No hay elementos simples que se complejizan. La biología molecular dice que vamos de lo simple a lo complejo. Estoy dentro de los que dicen no; en la biología se va de lo complejo a lo complejo

N- Retomo lo de la física cuántica. Böhr crea su teoría a partir del estudio de la mecánica entre dos partículas como el átomo de H; a los sumo es válida para 3 partículas. Luego lo incógnito. Einstein, lo cuestiona con la idea del azar y que Dios no juega a los dados. Jèrèmie Harris en su libro "Fue culpa de la Física Cuántica" señala que hay dos teorías más para dar cuenta de lo que ha quedado como incógnita en la explicación del colapso de la realidad en un solo objeto, producto de la observación condicionada y condicionante a su vez del observador. El observador, luego el azar, los universos múltiples en que podemos ser dos personas diferentes al mismo tiempo, son intentos teóricos de cubrir los huecos de la teoría de Böhr. Todas tienen a su vez los suyos que no pueden explicar y son dejadas de lado, o sus investigaciones canceladas. Idea del pagador y del poder detrás, no solo en la tecnología sino ahora también en la investigación científica. Se me ocurre un nuevo ¡EPA!, no seamos tan rígidos en decir que la ética se explica porque el lóbulo frontal u otra estructura, circuito, neurona o molécula, la determinan, y que cuando fallan, surgen las variaciones que según el observador llamamos patologías. Además lo suelo relacionar con otro valioso aporte tuyo al diferenciar funcionar, que podría explicarse sí, por lo que hacen las neuronas, de existir, que sería lo que hace un ser humano como un todo configurando, configurándose y siendo configurado. Surgió entonces la pregunta ¿cómo podemos explicar esta maravilla que son el ser humano, la naturaleza, el universo? Aparece Douglas Hofstadter y su libro "Yo soy un extraño bucle".

Imagino se podría intentar armar el todo, asumiendo que ese encadenamiento está en la base del universo. Aplicado al ámbito de mi interés y experiencia en neurocirugía/neurología y las neurociencias en general, consideramos que las conductas comienzan con las sensaciones y terminan en la motricidad, las ejecuciones. La elaboración y complejización en niveles de abstracción progresivos se da en el medio. El asunto es que el proceso no es lineal, es constantemente recursivo. Para cada paso hay recursividad. Son como los eslabones múltiples de una cadena de bucles. Cada bucle a su vez tiene otros bucles adentro. Adicionalmente es el procesamiento el que por esa recursividad condiciona tanto la entrada de la información como las ejecuciones. Surgen la variabilidad, el error, los ajustes-aprendizajes, la identidad y la individualidad, un desafío al determinismo mecanicista. Un poco es mi teoría, que a veces me parece una fantasía fruto de las ilusiones cognitivas.

B- Es ahí donde tu pensamiento está dentro de la teoría de la complejidad

N- Reconozco estar muy influenciado por Borges quién por ejemplo discurre sobre la causalidad; para mi alegría y sorpresa dice cosas parecidas a esto que estamos diciendo nosotros. Frente a las supersticiones, la magia, el azar, las religiones y sus presuntas relaciones causales, reconoce no tener por qué negarlas, pero explicarlas es otra cosa, muy difícil. Aceptar relaciones es muy fácil, pero explicarlas es otra cosa bien distinta.

B- La relaciones crean estructura y cultura en el cerebro. Esas relaciones no pueden explicar la causalidad en el sentido científico, pero ellas estructuran. La gente vive dentro de esas relaciones y se estructura dentro de ellas. La modernidad te obliga a unidimensionarlas en una sola, donde hay causa y efecto, pero las relaciones no se reducen a causa y efecto

N- E. Morin plantea la dificultad para estudiar la relación entre la física, el hombre/especie y lo antroposocial, lo cultural. Es evidente que constituyen un triángulo pero resolver precisamente como se articula cada relación, es lo realmente muy difícil.

Otra idea que me ronda es lo que llamo el azar primordial. Nuestra capacidad de percepción hace que veamos como azarosas cosas que no lo son. Se me ocurre el ejemplo de la formación de una pareja de dos humanos entre millones y la procreación que finalmente se inicia cuando una célula especializada entre millones logra unirse a otra distinta en un momento y lugar apropiados. Desencadena un proceso que culmina en un nuevo ser semejante, pero no idéntico, pues en el devenir desarrollará su personalidad y su historia acorde. Tratando de explicar cómo esto se da finalmente en un todo llamado cachorro, luego persona, si miramos y le preguntamos solo a la genética, no nos alcanza. Parece entonces que lo importante es plantear la pregunta adecuadamente, abierta a lo ignorado y sin reduccionismos. La razón por la que algo o todo parece casual, al azar, es simplemente por la imposibilidad de abarcarlo, observarlo; entonces carezco de un punto de partida absoluto y ensamblo arbitrariamente; por suerte esto permite seguir especulando y viviendo

B- En realidad, hay un azar en que todo está concatenado porque lo conocemos, pero eso que llamás "el azar fundamental" corresponde a un azar donde no hay concatenaciones por la imposibilidad de conocer un todo.

N- El problema, volviendo a la física cuántica y su nivel micro, es que en él estamos en constante incorporación, estructuración y pérdida de esas partículas partes, dentro de un todo dado en constante movimiento. Somos un bucle que mantiene su identidad a pesar de ese fluir de la materia.

Mi reduccionismo inevitable a considerar ética y estética y hacerlo conjuntamente, se debe que ambas parten de la libertad, el conocimiento y la toma de decisiones, los vínculos, los juicios de valor, el placer, la utilidad, que hacen al buen vivir y/o sobrevivir en sociedad, en este universo. Tienen punto de partida no excluyente en el funcionamiento cerebral con sus funciones ejecutivas y los lóbulos frontales como los directores de una orquesta maravillosa. Todo muy difícil de explicar con el reduccionismo de "un solo ojo" al que se le critica inclusive denominar director de una orquesta de la que no se conocen muy bien ni los instrumentos ni las partituras, ni las razones de su existencia, propósito y ensamblado. Como lo que está en juego con la ética y la estética es demasiado importante mi crítica llama a utilizar "los dos ojos". Hay dualismos útiles si los reconocemos como tales. Resuena una frase, creo de Platón sobre la realidad y la verdad como aquello bueno y bello de ver. No son lo mismo pero tienen mucho que ver entre sí. To be or not to be, that is the question

B- Finalmente Guillermo, lo que querría decir es que en tus trabajos, que continúan en este libro, estas participando en la producción de lo que llamaría, una otra manera de comprender el mundo, la vida en sus diferentes dimensiones.

En efecto, me gusta esta forma de desarrollar los temas que abordas donde articulas informaciones y reflexiones, que sin querer decir, «lo que hay que pensar», permite a tus lectores, una aproximación a procesos muy profundos que están cambiando de fondo nuestro mundo, o diría nuestro modo de habitar el mundo.

INTRODUCCIÓN

El saber no agota la verdad. No siempre hay verdad en lo que se sabe.
Sócrates

Este gusto de especular ideas.
Joäo Guimaräes Rosa

Hay ideas, razonamientos, experiencias, que casi monótonamente suelen aparecer y reaparecer. Un ejemplo es el creciente uso del término "neuro" asociado a una amplia gama de capacidades y conductas humanas. Se lo hace fundado en la genuina convicción, a veces creencia, otras acto de fe en las explicaciones científicas provenientes del estudio del cerebro y sus funciones, aportado por las neurociencias con su crecimiento exponencial. Ha ido trascendiendo desde su ámbito original al del público en general. Este proceso que se inicia, o debería hacerlo siempre en las publicaciones especializadas, continúa luego en diferentes medios de información de la mano de divulgadores con variables calificaciones y conocimientos al igual que intenciones e intereses. Así es como se ha ido deslizando a la popularización y su forma degradada, la vulgarización. Este pasaje, a mi juicio muchas veces incorrecto y exagerado, puede convertirse en inapropiado cuando no tendencioso y por lo tanto peligroso.

Los requerimientos de la ciencia para difundir sus hallazgos han ido in crescendo, lo que de alguna manera muestra la existencia del peligro antes señalado, no solo en la etapa de divulgación sino aún en su propio origen.

Sujeción al escrutinio por los pares más calificados, disponibilidad de los datos originales y la declaración de conflictos de interés, marcaron las reglas iniciales a las que constantemente se añaden otros recaudos que sugieren la vulnerabilidad del procedimiento si no se lo vigila. El método científico puede ser veraz y confiable, no así quienes lo aplican y los que dan a conocer sus resultados. Investigadores, divulgadores y periodistas son seres humanos con virtudes y flaquezas. Dado que los resultados en última instancia tendrán algún tipo de consecuencia deseada o no, será el marco ético el que funcione como amparo protector. De aquí que la ciencia, sus productos y la utilización de los mismos requieran del cumplimiento de los estándares más altos que han dado valor y preeminencia a su método: veracidad, reproductibilidad independiente de persona y lugar y predictibilidad. Popper le añade el requisito de falsabilidad que aleja a la ciencia del pensamiento mágico y los actos de fe. Un conocimiento científico es considerado tal si admite la posibilidad de ser fundadamente cuestionado, contrastado y refutado. Abre de este modo una brecha a la idea del conocimiento científico como verdad absoluta y permanente. Newton, Einstein y Max Planck son muestra del acierto popperiano. Recientemente el resultado de un segundo acelerador de partículas midiendo la masa de un bosón difiere, aunque por muy poco, del valor obtenido previamente por otro acelerador. De confirmarse la segunda medición como la correcta, toda la Física debería ser revisada. Menudo problema, mayúscula incertidumbre. El precio de la certeza es la eterna vigilancia tal como lo dijera el presidente de una prestigiosa universidad.

La transición del laboratorio a las publicaciones es solo la cara visible del iceberg. Hay otra transición mucho más importante y es la que va del conocimiento científico a la aplicación del mismo a cargo de la tecnología, que tiene su propio desarrollo. Mario Bunge ha publicado textos acerca de este pasaje, que también se denomina transferencia tecnológica. Tarea que es realizada también por seres humanos con intereses, intenciones e ideas variables y una Ética acorde, pero a veces diferente de la del científico investigador..

La diferencia entre científicos y técnicos era antiguamente muy radical, con los primeros encerrados e impolutos en la torre de marfil y los segundos movidos por intereses mundanos y convirtiendo en realidades materiales y prácticas lo que estaba en teorías, hipótesis o suposiciones. Una frase coloquial diría caminando por el barro. El problema es que con el paso del tiempo la relación se hace de ida y vuelta. Las características de cada actor se difuminan, se mezclan y terminan por asemejarse en un balance inestable. Hay avances científicos posibilitados por los avances tecnológicos y viceversa. Las necesidades materiales de ambos dan lugar a la aparición de un tercer actor al que llamaré el pagador. Es quien financia y por lo tanto puede imponer condiciones. De este modo a la diversidad de las Éticas personales y/o grupales de investigadores, divulgadores, tecnólogos, se suma la de los pagadores que van de personajes excéntricos a grandes corporaciones, burócratas y líderes variados.

Esta descripción debe ser suficiente para poner en tela de juicio si podemos unificar todas estas variantes éticas individuales y sociales en una sola en virtud de atribuir su génesis exclusiva al funciona miento del cerebro. Doble reduccionismo por ignorar otras posibilidades fuera del cerebro y por considerar generalmente al cerebro separado del resto del Sistema Nervioso y del cuerpo. Las dificultades de dar respuesta definitiva al problema mente-materia o naturaleza y cultura, al mismo tiempo que ignorar la microbiota y la neuro-psico-inmuno-endocrinología bastan por el momento para justificar mi discrepancia.

Es cotidiana la aparición de justificaciones, explicaciones, razonamientos, indicaciones e incluso predicciones en boca o en la pluma de los más diversos personajes que recurren a *"lo neuro"* como fuente inapelable de razón y certeza. Hacen recordar la frase: "fuente de toda razón y justicia", más vinculada a la religión y el pensamiento mágico que a la ciencia.

Lamentablemente nada es tan sencillo, empezando porque no siempre podemos identificar una causa como tal.

Heisemberg elaboró el principio de incertidumbre planteando además que el observador condiciona la observación.

Shroedinger, en una línea similar, pone un gato en una caja con iguales probabilidades de estar vivo o muerto o quizás ambas cosas. Algunas de estas posibilidades dependen de la existencia de un observador. Dos miradas que junto a las de otros poseedores de mentes abiertas y curiosas como las de D. Dennet, J. Searle, S. Pinker, E. Kandel, M. Nicolelis y muchos más provenientes tanto del campo de las Ciencias en general, de las Neurociencias y de la Filosofía convergen en un debate inacabado y temo que inacabable a la vez que estimulante y enriquecedor del cual doy fe.

La observación varía de acuerdo a que lo observado pertenezca al mundo macro o al micro. A nivel cuántico, por ejemplo, una partícula puede estar en dos lugares a la vez, siendo el observador quien la fija en alguno. Para los humanos es algo desesperantemente contraintuitivo porque las intuiciones se nos aparecen como certezas dadas.

Freud propone el procesamiento íntimo de las intuiciones y postula la manera cómo, entre otras cosas, las construimos, siguiendo una lógica particular en un espacio también particular que llama inconsciente.

Siempre sopla algún viento que corre la niebla y los velos como lo hacen Ch. Chabris y D. Simons con su travieso Gorila Invisible y en consecuencia como W. Shakespeare nos recuerda que hay mucho más en este mundo de lo que imaginamos; también de lo que creemos, recordamos y percibimos. Somos variablemente incompletos.

Un largo camino recorrido me ha puesto en la situación de "mirar el jardín con un pie de cada lado de la verja". Ciencia (Medicina) y Humanidades (Psicología). Por haber hecho investigación en esos ámbitos he aprendido que es más lo ignorado que lo sabido y que las certezas son efímeras. Algunos físicos actuales dedicados a la astrofísica intentando de alguna materia ir un paso más allá de Galileo, Newton, Einstein, Böhr y sucesores nos pegan en la soberbia del *Homo sapiens* o peor, del *Homo Deus* de Y. Harari, al confesar que solo conocemos un minúsculo porcentaje de lo existente.

El pensamiento crítico, complejo, allana el camino de la duda y de las preguntas, más que el de las certezas y las respuestas.

La Neuropsicología, al ser una interdisciplina, obra como conciliadora mirando al ser humano y sus conductas desde diversos puntos de vista, comenzando por el filosófico. Todo es según el color del cristal con que se mira, nos decían en nuestra infancia. El paso del tiempo envolvió eso que parecía tan claro en el torbellino del relativismo y el positivismo, del mecanicismo o de la aleatoriedad.

Se hace camino al andar, hay estaciones y un horizonte que motiva, aunque con los años sospechamos es inalcanzable. No debe preocuparnos, pues el placer y la vida están en el andar, son un andar. Camino y horizonte incluyen saberes e ignorancias. Vamos andando, descubriendo, creando, acertando y errando. Así acumulamos ese saber llamado experiencia, que nunca es ni será suficiente. Por suerte.

Si agotáramos tanto las preguntas como las respuestas, llegaríamos a un equilibrio mortal, un punto sin entropía ni neguentropía en términos mentales.

En esta etapa, cual un descubridor de falacias, veo que usar el término *neuro* representa un reduccionismo biologicista innecesario e injustificado. Tal vez una trampa del lenguaje, una etiqueta ideológica o una metáfora pobre para traer al acá lo que por estar más allá es inefable.

Ser testigo de este acontecer precipitó que esa idea recurrente se expresara en un primer libro: **La era del neuroTodo.** Caracterizar el Acontecimiento como una era muestra la importancia, los riesgos y las preocupaciones asociados.

En él traté en forma general el problema mencionando una larga lista de *neuros,* Por razones de su extensión, solo unos pocos ejemplos y su crítica fueron presentados con algún detalle, entre ellos la *neuroÉtica*

Para mi sorpresa, el pensamiento crítico recurrente detectó con parecidas objeciones una significativa asociación entre Ética y Estética.

Ambas son singularmente importantes porque representan conductas humanas fundamentales con características que las asocian: bondad y belleza al igual que sus opuestos.

Pertenecen a un animal tan peculiar que cuestiona y se cuestiona, investiga y se investiga, cambia pero mantiene su identidad, configura y es configurado, tiene un ámbito inexpugnable pero no del todo: el inconsciente que determina pero tampoco del todo, pues aparece otro plano, la conciencia, donde aparentemente decide y elige. Surgen el sujeto consciente y lo subjetivo, lo inconsciente, que lo atraviesa y se hace visible a través de la palabra con la que simboliza y habla.

Brotan preguntas que parten de cuestionar la certeza biológica como razón absoluta y excluyente.

Simplificar la respuesta cuando la pregunta es compleja no parece apropiado, pues significa no aceptar la complejidad y la incertidumbre radicales del ser. Equivale a negar nuestra ignorancia que en el fondo nos mueve pero también nos asusta. La bendita parsimonia o como sugería Einstein hacer las cosas lo más simples posibles, pero no más simples que eso.

Helas aquí entonces las preguntas fundadas en la ignorancia que las convoca y motiva la curiosidad de este autor, conocedor de ignorancias propias y ajenas. Serán estas páginas, entonces, su intento de responderlas. La manera, la certeza, las dudas e imprecisiones con las que lo haga, estarán dadas por las posibilidades humanas. Dependen del punto de partida y de estos modos de relacionarnos con el medio-mundo-universo. Vendrán luego la toma de decisiones-acciones-respuestas, su valoración y sus consecuencias, tareas a cargo de ambos: escritor y lectores.

La maravilla, la alegría, están en el movernos, en avanzar despejando algunos obstáculos y así de tanto en tanto decir *Eureka, ajá*.

Estas líneas expresan mis cuestionamientos a lo que suena incoherente e inapropiado, aquí acotados al uso de *lo neuro* en relación a la Ética y la Estética. Definir el objeto de estudio y ver lo adecuado de las herramientas son el basamento del cual elijo partir. A veces las definiciones son borrosas y nos obligan a recurrir a métodos como la Lógica Difusa una elegante salida matemática para salir de la incertidumbre. El investigador como cualquier curiosos enfrenta la disyuntiva de hacer definiciones muy precisas y acotadas a riesgo de empequeñecer su muestra y excluir miembros que deberían ser incluidos y así tener omisiones llamadas "falsos negativos" o hacer lo opuesto y llenarse de "falsos positivos". Ambos son errores que diversos tratamientos estadísticos tratan de subsanar tomando atajos como buscar correlaciones y de allí causalidades o distribuciones y de allí frecuencias y posibilidades. En todo caso el problema radica en la elección y definición del objeto de estudio, gigantesco cuando el propio objeto es cambiante además de ser en sí mismo quien define aquello qué se estudia. Parece una tautología.

Por estas y otras razones espero estas líneas no tengan realmente punto final pues la intención es que promuevan y se continúen en otras escrituras, incluyendo las discrepantes.

La ocasión estuvo dada por el acontecimiento pandemia que obligó mi refugio en la biblioteca, en la lectura de los periódicos, cierta cuota de temor y un largo tiempo para reflexionar. Como la vida sigue, afortunadamente nuevas lecturas y experiencias enriquecieron este texto largo tiempo después de haberlo dado por finalizado. Han sido aportes que han consolidado mi postura sobre este tema. Queda a juicio de los lectores si mis prejuicios o sesgo se mantuvieron en equilibrio con mi pensamiento crítico o complejo *à la* Morin. La contemplación de mi jardín y el parque aportaron la belleza y lo vital de la naturaleza para seguir existiendo y pensando.

CAPÍTULO I

Definiciones

El lenguaje es ese prodigo de expresividad que deja ver en lo que nombra incluso lo que no se puede enunciar.
Santiago Kovadloff

La mayor parte de las cuestiones y controversias que afectan a la humanidad residen en el uso dudoso e incierto de las palabras.
John Locke

Nos insertamos en un mundo que vamos conociendo merced a nuestra capacidad de percibirlo de múltiples formas. Lo hacemos provistos de sensores adecuados a las señales provenientes de él, con la peculiaridad que poseemos otro mundo, el mundo interior, del cual también emanan señales. Ambas son percibidas merced a un activo proceso que condiciona de algún modo al receptor, configurando de esa forma una actividad diferente de la recepción pasiva de un estímulo. Podemos ejemplificarlo un tanto burdamente con la diferencia entre un buzón y una recepcionista.

Las señales recibidas luego de ser organizadas como información, terminan por proporcionar el conocimiento y finalmente el saber. Es necesario remarcar que los receptores solo pueden captar y procesar primariamente formas variables de energía y aspectos electroquímicos del medio externo o interno. Esas son en esencia las señales. En cambio la información, el conocimiento y el saber dependen de la manera en que esas señales circulan por una red cuya arquitectura es la que les da significado y sentido. Algo que anticiparan Ramón y Cajal, quien lo sospechaba y Charles Sherrington al hablar de un telar encantado. Las sensaciones convertidas en percepciones son enriquecidas por el aporte de otras redes activadas por diferentes estímulos, las que en una instancia posterior, jerárquicamente organizada, las consolidan en memorias valoradas. Un ejemplo es una palabra denominando un objeto cuya semántica contendrá el nombre, las características, la clasificación, el uso y los modos de uso, la utilidad, los fines y una infinidad de datos, siempre creciente y cambiante por pertenecer a todo lo que rodea y es percibido por un sujeto en su vivir. Lo podemos simplificar como *qué es eso que está ahí afuera* y generalizando *qué es qué,* incluyendo el mundo interior. Interesante y fundamental desdoblamiento: observador que dirige su mirada al exterior y a la vez al interior de sí mismo sin confundir ambos campos. Abarcará tanto cosas como acciones y queda sintetizado en un símbolo, la palabra. Así es como el ser humano puede cotejar y decidir, es decir pensar. También puede hablar y de esa manera interactuar y comunicarse e inclusive manifestar su ser íntimo y sus sentimientos.

Tan pronto se inicia el proceso de la *sensopercepción,* las *sensaciones monomodales* se transfiguran en *información* siguiendo un recorrido divergente y paralelo. Comienza a transitar por otras redes que añadirán el por qué, el para qué y también el cuándo, cómo y dónde, para finalmente por otros caminos convergentes, terminar en la acción.

Recursivamente pueden volver al punto de partida, a estaciones de la misma red, a la salida ejecutiva o a cualquier eslabón de la cadena o nodo de red y mantener nuevos ciclos similares o diferentes. Este proceso *tiene memoria y hace memorias, por eso coteja, piensa y aprende.* Esto ha dado pie a decir que la información realmente no termina en ninguna parte. ¿Mundo infinito, mundo cuántico? Miguel Nicolelis da un osado paso al postular, basado en evidencias empíricas, que esa arquitectura trata las señales según dos modelos de informática, el de Claude Shannon de tipo digital y el de Kurt Gödel de tipo analógico con sus correspondientes basamento biológico productor de corrientes eléctricas y de campos magnéticos. Da lugar así a un nuevo modelo cerebral al que llama relativista y vincula todos los modelos preexistentes como aportes válidos según las etapas evolutivas y las posibilidades de estudio.

La información procesada, por ocurrir en el interior del sujeto, es *individua*l y pasa a memorizarse condensada con los aditamentos ya mencionados y muchos más. Así de rica puede ser la experiencia y por ende el conocimiento. Un aspecto primordial de este proceso es la capacidad de diferenciar y distinguir los datos provenientes del exterior de aquellos que se generan en el interior. Esto hace nada más ni nada menos que a la *identidad*, el *yo*, tal como postulaba Descartes: *pienso, luego existo.*

Por una parte, si bien somos individuos únicos e irrepetibles con estas características, tenemos un basamento biológico en común que nos hace *semejantes* y con posibilidades de compartir en sociedad nuestras ideas y sentimientos sobre el mundo que nos rodea. Podemos dialogar, cooperar, pero también disentir, diferir, oponer y obstaculizar. Cuando lo hacemos positivamente, constructivamente, lo llamaremos empatía, colaboración, civilización, bondad, amor; cuando por el contrario lo hacemos negativamente, destructivamente, lo llamaremos discriminación, persecución, odio, guerra, maldad.

Queda "otra parte" a tener en cuenta, igualmente importante, que abarca el intangible mundo de las ideas creadas y creadoras de cultura. *"Por una parte y por otra parte"* expresan una dualidad irreductible de la que tratamos de escapar diciendo que son dos caras de lo mismo. Entonces queda igualmente por resolver *cómo es que lo mismo tiene dos caras diferentes.*

En la medida que conozcamos, llegaremos a saber y así clasificar, categorizar, comparar y decidir, transitando una espiral de pensamientos más ricos y complejos cada vez más abstractos.

Creo hay más interrogantes que respuestas y por lo tanto es interesante pensar, recapacitar en este fenómeno que he llamado una era, *la del neuroTodo* y dejarnos llevar y ser sorprendidos por los nuevos descubrimientos. Atravesamos fronteras, pero al mismo tiempo enfrentamos nuevas tierras por explorar y maneras de *dar sentido y significado al fenómeno humano de los humanos* sin hallar *la última palabra*, la gran exclamación de un Eureka final.

Somos exploradores que percibimos el universo desde nuestro mundo interior, incluyendo sorprendentemente al mismo mundo interior que construye las percepciones. Compleja y maravillosa capacidad que requiere un punto de partida lo más preciso posible para poder estudiarla. Necesitamos entonces por un lado conocer la base material de lo cognoscente y su funcionamiento que ubicamos en el sistema nervioso con su órgano estrella, el cerebro y el conjunto de órganos sensoriales que selectivamente captan las señales en su llegada a esa estructura continente: el cuerpo. Son la periférica puerta de entrada universal que aporta, por así decirlo, la sustancia a procesar en ese recorrido de lo simple a lo complejo.

Por el otro lado conociendo los estímulos que han de ser procesados, resta la titánica tarea de indagar las características del procesamiento sabiendo algo del procesador y del producto, pero ignorando como se pasa de un procesador material, tangible, a un producto inmaterial, intangible como son las ideas, el lenguaje y todas las abstracciones con que somos humanos en el mundo. Es aquí donde yace el gran problema o el interrogante sin respuestas claras. Siendo animales, lo peculiar, lo humano de los humanos es en realidad eso que poseemos y que media entre lo que podemos evaluar dentro del mundo físico y ese otro "mundo" de la mente, alma, espíritu, al que tenemos acceso, ubicamos su origen, pero aún ignoramos como es que se da. Un autor Miguel Benasayag llama a este proceso *transducción*, Nicolelis hace algo parecido. Precisamente es eso que poseemos solo los humanos lo que radicalmente nos diferencia del resto de los animales que no lo poseen. Poseemos un objeto que elude ser ubicado epistemológicamente en una causalidad claramente definida y que además plantea el problema adicional de llegar a él con una epistemología de tercera o primera persona.

Si bien actualmente no hablamos de caja negra ni adherimos firmemente al conductismo, inferir el procesamiento a partir de estímulos/entrada cotejados con los resultados/salida, mantiene cierta vigencia debido a los cambios aportados por las neuroimágenes funcionales y la posibilidad de producir estímulos controlados. Persiste la caja, pero ya no es negra. Es un avance que permite poder ver aún en sujetos normales esa relación estímulo respuesta en tiempo real. Ver el interior de la caja no obstante no permite observar ese proceso de conversión de un cambio celular particular en una idea o una imagen o un concepto. Estamos en una situación similar a la lectura de un código de barras con la diferencia que en este han sido humanos quienes lo han creado y poseen la clave. En el cerebro el código y la clave se han producido merced a su propia plasticidad y evolutivamente en su existir funcionando. Por ahora solo podemos conjeturar *cómo es que lo hizo y sigue haciendo.*

Existen posibilidades de error por defectos en el objeto emisor de las señales punto de partida o en el observador receptor de las mismas. Tentativamente las denominaré sesgo y/o falacias. Pueden estar relacionadas específicamente a fallas en el receptor sensorial o al procesamiento inicial encargado del pasaje de sensación a percepción. Un ejemplo ilustrativo es el de los fotones llegando a la retina aportando información de luz, color y movimiento, en un espacio llamado campo visual. Son sensaciones que al circular luego en las redes se convertirán en percepciones de gran complejidad, cual un río que fluye enriqueciéndose con sus afluentes. La desembocadura será el corolario/respuesta. Es en esa parte intermedia y final del procesamiento donde se dan los errores más graves y a veces más difíciles de detectar, dado que las características de la observación y las herramientas con que se cuenta para encararla dependen de acciones que las condicionan en un complejo entramado. El problema de los test y los experimentos en general. Mirar determina el ver o más precisamente el poder ver. No hay ver sin mirar, pero lo que vemos condiciona las miradas y estas a su vez buscan qué mirar. Uno de los tantos bucles maravillosos.

Existen de ese modo errores duales por la posibilidad de provenir tanto del procesador como del material a procesar, independientemente de los canales de entrada.

Se ubican en primera línea los errores involucrando la atención y la memoria. Pueden depender de causas diversas y darse aleatoriamente. No estarán solo los intrínsecamente determinados por la estructura del sujeto observador. Son igualmente críticas las manipulaciones del procesamiento provenientes del exterior como parte de la cultura, que no infrecuentemente dependen de sujetos cuyas intenciones no son transparentes o no están guiadas por una ética del bien común. El ocultamiento de los fines e intereses particulares puede ser deliberado. El adoctrinamiento disfrazado de enseñanza es un buen ejemplo.

Hoy en día, la cantidad, velocidad y fluidez de circulación de los estímulos/información, hacen que frecuentemente no seamos humanamente capaces de procesarlos adecuadamente; así más cantidad y rapidez dejan de ser ventajas y virtudes para convertirse en debilidades y pérdidas. Tal vez sea la falencia más grave por no ser siempre detectada ya que suele ser pregonada como progreso. Surge una paradoja: retrocedemos avanzando. El reemplazo prostético aportado por la digitalización, los ordenadores, los algoritmos, la inteligencia artificial y el *big data*, son incorporados como progreso ventajoso sin considerar su futuro que por imprevisible, abierto e incierto, puede brindar tanto ventajas como desventajas. Aparece nuevamente Nicolelis con las "*brainets*" y el maravilloso desarrollo de captura del lenguaje cerebral para procesarlo y reenviarlo a una prótesis merced a la cual un sujeto parapléjico puede caminar; el lado bueno. Podemos ver o escuchar a un sujeto en apariencia humano inexistente o a uno conocido diciendo o haciendo cosas que no han sido así y que puede ser imposible de distinguir si verdaderas o falsas; el lado peligroso. Virtudes y defectos a cargo de los creadores, y en particular de aquellos que en la sociedad actual posibilitan, financian y poseen.

Las falencias puras de los receptores o de los emisores son en comparación con el procesamiento intermedio más fáciles de detectar y corregir. Usar anteojos, audífonos o pedir que nos hablen en el idioma apropiado, lo mismo que usar bastones u ortesis, son mecanismos para corregir o al menos minimizan ese tipo de errores y dificultades.

Las definiciones

Por todo lo anterior es importante comenzar por definir el objeto de estudio acotado en este caso a *ética y estética*. Es igualmente necesario también definir a priori al sujeto tanto del estudio como también al creador de los objetos, a los diferentes observadores y a los instrumentos, así como las ideas que los animan; proceso que puede llevar a un verdadero torbellino sin final previsible. Mal que nos pese, una cuota necesaria y aceptable de reduccionismo será útil y necesaria siempre que la reconozcamos en su necesidad, sus posibilidades, y sus flaquezas.

Las definiciones son un punto de partida clave que nos señala que es lo que la cosa es, a partir de la observación valorada positivamente y aceptada cuando está reglada por medios y métodos probados. Su exactitud reflejará lo que para la mayoría es la realidad y de allí surgirán certezas, siempre temporarias, provenientes de un medio y sus observadores. Principio del formulario constantemente cambiantes, plásticos, configurando y siendo configurados.

Elijo las definiciones de diccionario que atañen al tema de estudio porque pueden considerarse neutras o carentes de sesgos. Han sido confeccionadas en base al consenso de su significado en el uso habitual y/o por la opinión de expertos, que suelen tener puntos de mira particulares pero coincidentes. El diccionario además las enriquece refiriendo su etimología que las remite a su origen y uso iniciales. Vemos de ese modo que suelen sufrir algunas variaciones a través de épocas y culturas que ayudan a considerar el contexto.

Comenzar por definir es como planear el inicio de una construcción. Partiendo de bases sólidas podremos con mayor seguridad y facilidad agregar nuevas dependencias y expandir su utilidad.

Existen y citaré por otra parte las definiciones personales de expertos o de sujetos involucrados en los temas de interés para este ensayo. Su valor radica en que por tener más variantes y diferencias, reflejo de sus puntos de vista, experiencias e intereses personales, enriquecen las posibilidades de conocimiento y comprensión de un tema complejo. Es una negociación entre amplitud de miras enriquecedoras y el riesgo de los sesgos individuales. Dato a tener en cuenta por ser otra de las razones que impulsaron estas páginas. Un llamado de atención y propuesta de reflexión acerca de aquellas definiciones pretendidamente únicas, absolutas e invariables, destinadas a señalar, explicar, delimitar la génesis de algo tan complejo, variable y muchas veces incomprensible e impredecible, y otras tan oscuro e inasequible como son las conductas humanas individuales o en sociedad. Reflexión especialmente necesaria frente al reduccionismo de la neurobiología, sin que esto signifique adoptar una postura en contra del monismo biologicista, ni tampoco la defensa a rajatabla de un monismo de signo contrario o de un dualismo igualmente extremo.

CAPÍTULO II
Ética

Definiciones del diccionario de la Real Academia Española

ética. (Del griego *ethikos, ethos*). Parte de la filosofía que trata del bien y del fundamento de sus valores. || Conjunto de normas morales que rigen la conducta de la persona en cualquier ámbito de la vida. || Disciplina que trata sobre lo que está bien o mal y las acciones y obligaciones morales. || Teoría o sistema de valores morales.

moral. (Del latín *moralis*, moral: costumbre). Perteneciente o relativo a las acciones de las personas, desde el punto de vista de su obrar en relación con el bien o el mal y en función de su vida individual y, sobre todo colectiva. || Basado en el entendimiento y la conciencia y no en los sentidos. || Que concierne al fuero interno o al respeto humano, y no al orden jurídico. || Doctrina del obrar humano que pretende regular el comportamiento individual y colectivo en relación con el bien y el mal y los deberes que implican. || Estado de ánimo individual o colectivo. || Relacionado con los principios de correcto o equivocado en la conducta. || Adecuado al estándar de conducta correcta.

norma. (Del latín *norma*). Regla que se debe seguir o a la que se deben ajustar las conductas, tareas, actividades, etc. || Precepto jurídico. || Conjunto de criterios lingüísticos que regulan el uso considerado correcto. || Variante lingüística que se considera preferible por ser más culta. || Estándar autorizado. || Principio de acción correcta obligatorio entre los miembros de un grupo que sirve para guiar, controlar o regular el comportamiento apropiado y aceptable. || Patrón o rasgo tomado como típico en la conducta de un grupo social.

Definiciones más allá del diccionario

E stas definiciones enriquecen al instaurar muchas veces debates esclarecedores y diferentes puntos de mira. He aquí alguna de ellas que han tenido el valor de aumentar las reflexiones y la elaboración del tema.

- *Ciencia* de una forma específica de conducta humana.
- Es una *rama de la filosofía* que abarca el estudio de la moral, la virtud, el deber, la felicidad, el buen vivir.
- *Ciencia normativa* diferente de las *ciencias formales y empíricas.* Es práctica normativa. Lo que es normal de derecho, lo que debe ser, lo establecido como correcto de un modo racional.
- *Enunciado* normativo general y / o conjunto de valores comunitarios aceptado como bueno por un grupo dado en un tiempo determinado.

La ética o más precisamente las preguntas, estudios, hipótesis y teorías sobre ella, tienen una larga historia que además es evolutiva. Someramente podemos decir que se la conoce desde los griegos comenzando con Aristóteles y Platón, en tanto que Hume, mucho más adelante, la plantea junto a los *juicios morales.* Epicuro hace escuela con una original propuesta en oposición a los estoicos; para él, la *felicidad* se obtiene a partir de la búsqueda *inteligente* de todo aquello que genera *placer.* En el lado opuesto se instaura el *mandato* del *deber ser,* impuesto desde la biología, la cultura y la sociedad. Nietzsche toma a los humanos en dos posiciones y sus conductas pertinentes, planteando una inversión de los valores que considera morales: el *Amo* con los determinados por su orgullo y su fe en sí mismo; el *Esclavo* con la comprensión, paciencia y humildad. Kant elabora sobre la ética en sus críticas de la *razón práctica* y del *juicio.* A partir de la Ilustración surgen la ética y estética trascendentales, dos conceptos unidos en su tratamiento. Sánchez Vázquez en 1969 define a la ética como la teoría o ciencia del comportamiento moral de los hombres en sociedad.

El siglo XIX por otra parte, y quizás a partir de otras miradas, había alumbrado a la axiología como rama de la filosofía que estudia los valores, su naturaleza y esencia. Estudia cómo se justifica racionalmente un sistema moral y cómo se ha de aplicar posteriormente a los distintos ámbitos de la vida personal y social. Emerge de ella un concepto que trae incertidumbres a pesar de poseer en apariencia una estructura jerárquica y racional: los valores, definidos como los principios y cualidades que nos identifican y diferencian como individuos e integrantes de un grupo o comunidad. Se relacionan unos con otros para lograr un resultado positivo y más beneficioso. La incertidumbre se debe a que las jerarquías son difíciles de definir por su subjetividad y se diferencian por su intención. Una enumeración incompleta nos permite de todos modos sospechar por dónde vamos:

Universales	*Culturales* ....
Humanos	*Religiosos*
Estéticos	*Democráticos*
Éticos	Educativos

Max Scheler a su vez propone otra jerarquización de los valores estableciendo una estructura organizada según sus niveles de importancia. Para él son siete:

- *De lo agradable — hedonístico*: placer/dolor, agradable /desagradable.
- *Vitales — del cuerpo*: salud/enfermedad, instintos.
- *Espirituales — del espíritu, no corporales*: estéticos, jurídicos, intelectuales, del saber puro.
- *Religiosos (los de mayor importancia)*: sagrado, divino, santo/profano, fe/incredulidad.

Alejandro Korn agrega dos más y llega a nueve.

Ahondando un poco más, es importante considerar la relación de los valores con la moral, tomando a esta última como las normas, conductas y *creencias* socialmente *correctas* que sirven para *diferenciar lo bueno de lo malo*. Algunos autores la definen como la *convicción* de aplicar los principios éticos a los actos personales y particulares de la vida. Aparecen entonces las *normas* que nos ayudan a diferenciar las *actitudes y las cosas* que se consideran positivas y buenas de las opuestas. Forman parte de nuestra *identidad social y personal* con cambios a través del tiempo a resultas de nuevas *interpretaciones* de las experiencias acaecidas.

Vemos de esta manera como van apareciendo nuevos términos que si bien amplían y enriquecen las definiciones, también las complejizan y ponen entre paréntesis algunos conceptos. El resaltado de algunas palabras intenta señalar precisamente eso.

Es recomendable cierta cautela con las exageraciones extremas de estas posturas que terminan deformándolas. No todo consiste en las bacanales ni en el rigor espartano. El sentimiento de culpa inducido, el pecado, las prohibiciones arbitrarias contra natura, o la postura opuesta y permisiva del todo vale, son algunas de las exageraciones conocidas más por sus consecuencias negativas que por sus beneficios o virtudes.

En esta línea vale la pena tomar algunos conceptos de Tomás Abraham y otros autores citados en su libro *Batallas éticas*. Por razones de extensión no me queda más recurso que aprovechar su sapiencia y marcar los jalones (puertos) que me interesaron. Puede parecer un catálogo que espero sirva como un mapa para fomentar su lectura ampliada.

Dice Abraham: *ética* es la palabra de mayor circulación en el mundo de los negocios humanos. Hay: comités de ética, materias universitarias, especialistas, formadores de opinión que difunden sermones, denuncias, *talk shows* televisivos, indignaciones de rutina, solidaridades en pancartas, filósofos contratados para dar conferencias sobre ética en las empresas y tratados y discursos políticos que la evocan e invocan.

Tienen sus oponentes entre los que con ironía, copiando la suya, selecciono dos: los que están hartos de tanta eticidad y los que recuerdan que nadie puede arrojar la primera piedra. Prosigue: se convierte en tema de privilegio para la filosofía desde que pretendió fundamentar los derechos humanos haciendo de la democracia un espíritu civilizatorio, una cruzada moral. Cita a Jürgen Habermas y su definición: Doctrina sobre una nueva universalidad comunicacional, una *ética de la participación general y de la simetría*.

Foucault toma *la ética como una estética de la existencia*. (Parentesco que incitó aún más este abordaje selectivo de ambas en conjunto). Preocupa al decir que

"... la verdad no es ni inmaculada ni transparente. Tiene más de una vestimenta y su forma de presentación es variada. Puede ser imperativa, oscilante, esperanzada, demostrativa, según se presente en la forma de tratado moral, del ensayo teórico narrativo de la utopía o del lenguaje formalizado".

Alain Badiou, con una posición muy particular, la define como una coartada del posmarxismo y el *double bind* ético: sé cómo yo y respetaré tu diferencia. Plantea la necesidad de una Ética de la verdad y denuncia el vaciamiento de la realidad, de la que solo queda el empapelado. Arremete contra el periodismo al que le atribuye un rol nefasto por representar al *estado escéptico*. Por eso el relativismo escéptico *no puede ofrecer nada mejor que un mal menor*.

Otra definición de ética es "búsqueda de una buena manera de ser. La sabiduría de la acción".

Hegel produce una fina distinción entre ética como acción individual y moralidad como acción reflexiva. Ética de la decisión y Kant ética del juicio.

Abraham también cita a Levinas, quien parte de decir que *la ética no existe*; *solo hay ética de...*, sólo hay ética en las verdades y es una perversión adosar una ética al relativismo cultural puesto que es pretender que un simple *estado contingente de las cosas* puede ser el fundamento de una ley. La regla de oro es *ponerse en el lugar del otro*, fundamentalmente porque *yo dependo del otro*.

Agrego otros autores a mi "catálogo", a los que reconozco como valiosos. En *Ética posmoderna*, Zygmunt Bauman parte de considerar al ser humano ambivalente en términos morales, por lo tanto considera que *una moralidad no ambivalente es una imposibilidad existencial*. A su vez la moralidad no puede ser "desbancada" por la racionalidad, cuando mucho puede paralizarla y silenciarla. Frans De Waal en *Primates y filósofos* utiliza el ejemplo de la muñeca rusa: nuestro Yo moral es ontológicamente continuo con una serie de yoes pre-humanos que anidan en nuestro interior hasta llegar a uno diminuto en el centro. Estos yoes son homogéneamente buenos por naturaleza.

Cual pescador con redes, el recorrido por la literatura sigue recogiendo posturas interesantes.

En *Experimentos de Ética*, Kwame Anthony Appiah cita a Descartes para quien la ética es una disciplina práctica que se desarrolla a la par de la medicina. Appiah, a su vez, define la ética como las cuestiones relacionadas con el desarrollo de un *carácter virtuoso*. Vivir bien una vida. La moral comprende entonces las restricciones que gobiernan el trato con otras personas. Porque no sabemos porque hacemos lo que hacemos, entonces las explicaciones de nuestro propio comportamiento son tan poco fiables como las que ofrecen los demás. La tarea es dilucidar cuál es la respuesta correcta y también cómo descubrimos cuales son las respuestas correctas. Nuevamente lo individual frente a lo generalizable, lo universal. Una vida virtuosa es buena por lo que es una persona (posesión) y no solo por lo que hace (circunstancia). Es necesaria la advertencia de no valorar solo uno de los dos aspectos señalados. Caso contrario podemos caer en lo que hace la ingeniería social.

Rosalin Hursthouse elabora sobre la ética de la virtud que rivaliza con la deontología y el consecuencialismo. Cada virtud genera una instrucción: actuar como... Cada vicio genera una prohibición: no hacer cosas deshonestas.

Por el lado de la deontología, Immanuel Kant pregunta: ¿Cuáles son nuestros deberes para con los demás?

Gilbert Ryle, largo tiempo después, advierte que es posible que los físicos algún día encuentren todas las respuestas a los problemas físicos, pero hete aquí que *no todos los problemas son físicos*.

Appiah, paseando por las cercanías, afirma que *hay un solo mundo, pero admite muchas descripciones con sus diferentes lenguajes.*

Tenemos un *pasado mamífero con un presente neurológico.*

James Joyce en un marcado radicalismo considera a *la moral una ficción.*

Aristóteles hace otra pregunta: ¿Cómo debe vivirse una vida? y afirma que las cosas son buenas cuando son buenas para los seres humanos. *No hay una bondad en sí. Las virtudes no tienen un orden jerárquico, son inclasificables. Además requieren conocimientos. Uno de los conocimientos requeridos es el de nuestra psiquis.* Me siento tentado de detenerme aquí pues Aristóteles parece siempre haber pensado todo antes que los demás. Después de hacer un largo periplo por posturas variadas, nos arroja la gran pregunta por el hombre y su mente obligándonos a regresar al casillero cero.

Resumiendo, vemos que las definiciones de ética convergen en algunos puntos comunes que tienen que ver con las conductas humanas en su relación con la corrección, la norma, el bien y su contracara, e inclusive con la estética. Para complicar un poco más las cosas son cambiantes según tiempo y lugar. Se suma a esto, que al diferenciarse en grado variable de la definición básica o canónica del diccionario introduciendo otros conceptos o parámetros, adicionan variables a explorar y definir. Reiterando lo remarcado vemos así aparecer moral, norma, belleza, placer, justicia, valores, individual, social, local, universal, racional, consciente, inconsciente, espiritual, mental, anímico, natural y biológico.

Un laberinto borgeano, pero también un rizoma deleuziano o más simplemente un límite poroso de ignorancia, que afortunadamente nos permite formular hipótesis, crear teorías y de ese modo andar haciendo camino.

Por las convergencias podemos convivir y dialogar, por las divergencias debatir crear y aventurar en senderos que se bifurcan y bibliotecas de Babel.

CAPÍTULO III
Estética

Definiciones del diccionario de la Real Academia Española

estética. (Del latín mod. *aestheticus*, y este del griego αἰσθητικός *aisthētikós* "que se percibe por los sentidos"). Disciplina que estudia la belleza y los fundamentos filosóficos del arte. ‖ Perteneciente o relativo a la percepción o apreciación de la belleza. ‖ Armonía y apariencia agradable a los sentidos desde el punto de vista de la belleza. ‖ Conjunto de elementos estilísticos y temáticos que caracterizan a un determinado autor o movimiento artístico. ‖ Rama de la filosofía que trata sobre la naturaleza de la belleza, el arte y el gusto y con la creación y apreciación de la belleza. ‖ Teoría o concepción particular de la belleza o el arte. ‖ Apariencia o efecto placentero.

arte. (Del lat. *ars, artis*, y este calco del gr. τέχνη *téchnē*). Manifestación de la actividad humana mediante la cual se interpreta lo real o se plasma lo imaginado con recursos plásticos, lingüísticos o sonoros. ‖ Uso consciente de habilidades e imaginación creativa en la confección de objetos estéticos.

belleza. Cualidad de bello. ‖ Persona o cosa notable por su hermosura. ‖ Cualidad o agregado de cualidades en una persona o cosa que proporciona placer a los sentidos o que placenteramente exalta la mente o el espíritu.

bello. (Del lat. *bellus* "bonito"). Que, por la perfección de sus formas, complace a la vista o al oído y por extensión al espíritu. ‖ Bueno, excelente. ‖ Excitante de placer estético.

hermosura. Proporción noble y perfecta de las partes con el todo; conjunto de cualidades que hacen a una cosa excelente en su línea. ‖ Belleza que puede ser percibida por el oído o la vista.

hermoso. (Del lat. *formōsus*). Dotado de hermosura. ‖ Grandioso, excelente y perfecto en su línea.

poética. (Del lat. *poetĭcus*, y este del gr. ποιητικός *poiētikós*). Perteneciente o relativo a la poesía. ‖ Que participa de las cualidades de la idealidad, espiritualidad y belleza propias de la poesía. ‖ Conjunto de principios o de reglas que caracterizan un género literario o artístico, una escuela o un autor.

Definiciones más allá del diccionario

La complejidad de la tarea que implica tratar de conocer para luego saber de qué hablamos cuando hablamos de algo en el caso de la estética, quedará expuesta en esta breve "disección" (perdón por el término médico) de la semántica de dicha palabra. La curiosidad guiada por la razón lleva a un largo sendero ¿un laberinto? donde van surgiendo nuevas palabras que aluden, señalan, pero no agotan el significado de esa palabra de origen. Por el contrario parecen sumergirlo en una neblina que invita a seguir buscando. Me temo la búsqueda podría ser interminable si nos atenemos a la plasticidad y la flecha del tiempo que condicionan nuestro vivir aprendiendo y utilizando ese instrumento maravilloso, a veces inexpugnable, que es *el lenguaje*.

Hay coincidencia en referirse a la estética como una rama de la filosofía que se caracteriza por estudiar cómo el ser humano descifra el *conocimiento de lo sensible*, desde la esencia de la percepción de aquello que denominamos *belleza*. Por estudiar el arte algunos la denominan *Filosofía del Arte*. Así es como surge cual un brote otra palabra: *Arte*.

Es ineludible considerarla una experiencia personal, individual. Decir que es una experiencia personal deja flotando la consideración sobre a qué persona se alude. ¿La experiencia estética concierne al sujeto que crea el objeto con valor artístico o al observador que se lo confiere o ambos? Otro "jardín de los senderos que se bifurcan".

Existe una vieja divisoria de aguas entre arte y artesanía que pasa por la utilidad y el uso que cada clase social daba al objeto, configurando una variable asociada a épocas y culturas. Lo útil y práctico *versus* lo inútil, hecho porque sí, por placer. A esto se agrega lo que se posee por el placer y la distinción versus lo que se posee porque su uso es necesario y pertenece al pueblo. Como en todo hay formas intermedias y mutaciones. Así el producto de muchos artesanos pasó a llamarse artesanía y finalmente obra de arte y sus creadores artistas. Otras obras pasaron a ser objetos testimoniales de personajes y épocas, objeto de estudio para antropólogos y sociólogos.

Los cambios y variaciones en las observaciones sobre estética pueden verse un poco mejor, si recurrimos a la historia y evolución de ese conocimiento. Cuando en ella se habla de arte, se lo reconoce como cambiante según épocas y observadores. Los cambios son adaptativos y evolucionan con el tiempo.

Se estima en 2.500 años el momento a partir del cual el ser humano se ocupa de unir la idea de la estética a los juicios de valor que diferencian lo bello, lo sublime y armonioso de lo feo y desagradable, tanto en la naturaleza como en los objetos.

Los presocráticos plantean como un punto nodal estudiar la relación entre lo bello y lo feo, territorio de la estética y el bien y el mal, territorio de la ética, apareándolos con sus antagónicos: bello y bien y feo y mal o bello y bueno, feo y malo.

Marta Zátony en su libro *Aportes a la Estética*, abunda en un rico análisis de la evolución. Puede tomárselo como una apertura a "la docta ignorancia" conducente a nuevos recorridos y nuevos saberes que someramente intento utilizar.

Los griegos hablaban de amor a la belleza. Platón, uno de ellos, la consideraba intangible, inmutable y solo comprensible desde el alma. Le añade la capacidad de crear objetos. Paradojalmente expulsa a los poetas, pues considera que "el artista trabaja a gran distancia de la verdad" y "tiene amistad con aquella parte de nosotros que se aparta de la razón". Me resulta interesante que vincula alma y razón a lo que luego llamaremos mente y razón e intuye lo que mucho más tarde llamamos inconsciente con la ayuda de Freud.

Aristóteles tenía ideas semejantes y observaba lo bello por su composición y simetría. Señala a la *techné* como arte productivo fruto de la astucia y la inteligencia, en tanto que la *frónesis* o sabiduría ética alude a la racionalidad del artesano y del artista.

Protágoras pregona la armonía entre la octava, el alma y el cosmos. Veremos luego que las ondas sonoras parecen tener una particular relación con las ondas o ritmos cerebrales y de allí la especial apreciación de la música.

En la Edad Media prepondera el pensamiento religioso. El arte proviene de Dios que es la belleza suprema, por lo tanto la estética era una forma de seguir y buscar a Dios.

Héctor Murena en *La metáfora y lo sagrado* alude a algo similar, la tarea de traer a este Mundo el Otro Mundo, que realiza el hombre como mediador entre la Tierra y el Cielo buscando acercarse a la Divinidad o al Dios creador, y así redimirse de la expulsión de ese soñado Paraíso. Para él, ese sería el origen del *arte sagrado*, quizás una de las primeras manifestaciones de arte *expresión metafórica de lo inefable*, lo misterioso, el enigma. Simbolizar la Expulsión del Paraíso por probar el fruto del Árbol de la Ciencia, osando imitar al creador. Es representación del pecado, la culpa, la redención en Cristo pagando con su vida esa mácula en el origen humano. De algún modo junto a las metáforas de la Eucaristía, y el vino sagrado, emparentan ética y estética en el Arte Sagrado. Un punto a tener en cuenta.

Puede verse en el arte religioso una intención educativa y doctrinaria por parte de las clases ilustradas hacia la nobleza en primera instancia y hacia el vulgo luego. Ambos podían ser analfabetos y solo aprendían religión por el relato oral o por las imágenes que representaban pasajes bíblicos de ese relato, particularmente los vinculados a Jesús, niño-Dios, Jesús crucificado, María Virgen, madre o dolorosa, la Santa Cena y los apóstoles, o el periplo por Galilea. Las diferentes religiones a su vez muestran variantes en el uso del arte religioso llegando incluso a la prohibición de crear o exhibir imágenes o usar incluso expresiones del lenguaje referidas al nombre de Dios.

Santo Tomás especifica el aspecto *vincular* entre el *objeto de arte* y el *sujeto que observa*, cuya *sensibilidad* da lugar a *la forma* y a la belleza.

La forma aparece vinculando otra idea de lo bello, que es la del equilibrio o proporción ideal configurando una estructura. Algo en lo que Leonardo era maestro.

Surge un interrogante fundamental: ¿El artista/creador hace su tarea deliberadamente, conscientemente, para que lo creado tenga valor estético y sea considerado obra de arte? Mirando a la mayoría de ellos parece no ser así. La génesis dependería de *la invisible mano de la inspiración* aunada al talento que les permite materializar su imaginación. Reaparece Freud a cuestas con ese misterioso caldero donde se gestan la mayoría de nuestras acciones, *el inconsciente*. En línea con esto, la relación artista observador está sustentada por un vínculo recíproco muy especial. Algunos psicólogos lo llamarían comunicación pre- consciente a pre-consciente. Asumen la existencia de un plano particular del inconsciente más fácilmente disponible para su pasaje a la conciencia. Implicaría de alguna manera una conciencia más permeable. Esto podría explicar fenómenos como el "ajá", *eureka*, ciertas preferencias o rechazos, al igual que la creatividad, para los que no siempre podemos dar cuenta en detalle.

Nuevamente Zátonyi aporta lo suyo cuando señala que en la dialéctica sujeto/objeto, el primero se constituye como tal al ser sujetado por el lenguaje, por la mirada de los otros, por la sociedad y que todo este proceso se da en forma inconsciente excepto en su inicio y en su salida final como una conducta visible.

Los artistas imitando los sonidos de la naturaleza o pintando el retrato más realista del modelo, dejan en la obra una impronta personal que no refleja solamente su maestría, sino que revela ese imponderable surgido desde su interior sin proponérselo y otorga a la misma una característica que los distingue e identifica. Los admiradores comulgan con ellas y los expertos vanamente las clasifican, les adjudican razones que pertenecen más a ellos que a los creadores. Surgen de ese modo estilos, escuelas, épocas, elegidos y rechazados, "comprendidos e incomprendidos".

Dichos expertos funcionan como un tercero en discordia que media entre artistas y "observadores-consumidores" cuya existencia pueden inducir e incrementar a través de sus opiniones, fomentando modas y demandas. Del mismo modo, tal como suele suceder con los intermediarios, terminan promoviendo éxitos y fracasos por su simple opinión, la que puede sumarse a las rivalidades, admiración o mezquindades de los propios artistas y sus mecenas.

Galeristas, curadores, funcionarios de conservatorios, academias y ministerios, son personajes variables que en base a gustos personales, conocimientos y patrocinadores pueden hacer visible y entronizar o invisibilizar y desterrar a un artista y sus obras. La autoestima y el narcicismo entran en escena junto a todas las pasiones, personalidades y avatares de la vida común a todos ellos como a la de cualquier otro ser humano. Se suman ahora a esta legión los *"influencers"*, solapados agentes de venta. En el caso de los escritores sucede aproximadamente lo mismo con los críticos literarios, los editores, los medios y las ferias. Cada manifestación artística tiene agentes con similitudes y diferencias que las distinguen entre ellas. No obstante, sería injusto negar que algunos artistas son descubiertos por los expertos que los promueven y cuidan; en tanto que en otros casos son los artistas quienes por sí mismos han logrado ser realmente dueños y promotores de su talento personal y de sus obras. Estas disquisiciones son pertinentes para remarcar lo borrosas que son en el fondo las definiciones, ya sea por el objeto a definir, por el sujeto que define al igual que por las circunstancias de una época y cultura vigentes.

Miguel Angel, Van Gogh, Toulouse Lautrec, Mozart, Beethoven, Arlt, Borges, Cortázar, García Lorca son nombres que acuden fácilmente a la memoria pudiendo ser ejemplos de algunas de estas circunstancias. Hoy hablamos de promociones, marketing y también de proscripciones y peor aún, cancelaciones. Lo que no se nombra o no puede ser visto no existe.

En el lado opuesto al autor en la díada autor-observador, se dan algunas semejanzas o convergencias en lo atinente a la manera de relacionarse como sujetos que contemplan, escuchan, tocan e inclusive huelen y paladean esos objetos convertidos en obras de arte. Los *sienten*. Poseen ese sentimiento que plantea el interrogante sobre aquello que suele llamarse *"gusto"* y a su vez calificarse como bueno o malo. De ese modo suman definiciones a tener en cuenta y dan otro ejemplo de concurrencia entre ética y estética.

Primariamente esa posesión del llamado *"gusto"* o mejor *"buen gusto"*, aún parece estar en manos del observador que impactado por la obra la admira, valora, desea poseerla de alguna forma dado que le produce placer, un placer que llamamos estético y que se funde en la intimidad de cada uno. Desde ese fondo, apelando nuevamente a Freud y el inconsciente, surge la valoración. Es el cartabón (¿el buen gusto?) con que cada sujeto adjetiva algo como obra de arte, *"su obra de arte"* que puede ser despreciada por otros sujetos con diferentes *gustos*. Admiradores y detractores. El valor, otro punto de encuentro con la Ética. Resalto que tanto para el creador como para el observador el origen y la valoración de la obra, cualquiera sea ella, parten de lo inconsciente, lo irracional, de ese peculiar sentir al que luego la historia personal con la impronta de la educación y las habilidades innatas y adquiridas, racionalizan y se aventuran en los por qué, para qué y más recientemente en el intento del cómo es qué se crea, admira, valora, difunde, rechaza, una realización artística. Parece evidente que dicho valor/es son diferentes aunque a veces coincidentes entre autor y observador.

La racionalización no es otra cosa que el pasaje por la conciencia dónde las imágenes, los sentimientos, los lenguajes propios del arte y del artista se traducen en las palabras del lenguaje universal, humano, con el que nos comunicamos en cada lengua. El artista reúne estos sentimientos en su lenguaje propio hasta llegar al "ajá", momento en que expresa su satisfacción, su logro: la obra. A veces lo racionaliza, lo traduce cuando la titula, le pone nombre aludiendo a un sentido, una vivencia personal previamente transducida en su cerebro y atesorada en su inconsciente hasta realizarla. Son buenos ejemplos La *Mona Lisa* de Leonardo, la *Heroica* de Beethoven, las *Ficciones* de Borges, el *David* de Miguel Ángel o el cuadro de Goya titulado "El sueño de la razón produce monstruos". Obras que ilustran ese estamento profundo donde se fermentan vivencias que la razón traduce y controla en la vigilia.

El observador a su vez es atraído, capturado, seducido, sorprendido, por la obra; posteriormente racionaliza cuando expresa su aprobación o rechazo con el simple me gusta o el superlativo me encanta, que no casualmente alude a lo irracional del encantamiento, la pasión, el no sé por qué o porque sí. El experto racionaliza más y clasifica aprobando, aceptando, o rechazando con fundamentos a veces arbitrarios por sus sesgos personales.

La educación, incluida la adquirida en las experiencias del vivir cotidiano, moldea el gusto proporcionando una escala de valores vigente a un nivel tan básico y esencial como es la percepción. En relación con esto, vale mencionar a Juan Carlos Goldar, quien señalaba que el carácter está en el fondo vital, "la caldera" donde se forja el temperamento. Posteriormente, corriente arriba en el procesamiento, los sentimientos y las experiencias irán construyendo la personalidad y con ella el direccionamiento de nuestros impulsos merced a la atención selectivamente dirigida hacia aquello que nos interesa, nos importa y nos produce placer, o por el contrario inhibiendo las otras opciones por ser lo opuesto. Interés e importancia son la tarea de la esfera valorativa que media entre lo instintivo, lo temperamental y la etapa final de alto nivel de abstracción que incumbe a la esfera intelectual que para ese investigador radican en un *locus* cerebral identificable como neocortex. El paso anterior correspondería en esencia al llamado cerebro límbico El procesamiento que partiera de lo sensorial, culmina en la toma de decisiones con grados de libertad variables y su emergente, las conductas/acciones, que aparecen provistas con varios ropajes: voluntad, libre albedrío, autodeterminación, gusto. Así construimos mundos personales en los cuales Borges y Van Gogh tiene un lugar prominente (es mi caso) en tanto conocemos y nos interesan menos otros creativos o simplemente los desconocemos. Es nuestro bagaje. Somos individuos únicos e irrepetibles pero sociales, con más ignorancia que conocimientos. Reconocer esto es fundamental para tener una apreciación de los fundamentos y habilidades en que se basan nuestras toma de decisiones, elecciones y preferencias, que van desde la elección de un derrotero de vida, el gusto por una bebida, un sonido, un paisaje o un poema.

Alexander Gotlieb Baumgarten (1714-62) citado como el creador de la Estética como rama de la filosofía dedicada al conocimiento sensible, escribe reflexiones filosóficas en torno al poema. Es interesante que observara a la poesía por considerarla una actividad proveniente del intelecto tanto como de las capacidades sensoriales. Quizás lo guiara su sensibilidad a la poética que excede el terreno de la poesía.

Incluir a las capacidades sensoriales dificulta la tarea de definir arte y estética por estar sometidas al juicio subjetivo individual, más allá de las propiedades objetivas de las obras.

Kant propone una Estética Trascendental, en cuanto es la subjetividad de los sentimientos lo que lleva a la consideración de lo bello; por lo tanto, no sería válido medir la belleza por su subjetividad. Duda radicalmente de la subjetividad como capacidad de emitir juicios de valor objetivo basado en la realidad. Sustancialmente es la propia realidad la puesta en tela de juicio, precisamente por ser siempre tamizada por un sujeto cognoscente que no la copia y guarda fielmente, sino que lo hace como una versión o variante personal. La cercanía de la copia con otras versiones posibilita los vínculos y los acuerdos.

Paul Waslawick y Giorgio Agamben en sus publicaciones nos dejan entrever lo difícil que es establecer criterios de realidad tanto como de confiabilidad de nuestros sentidos para reflejarla, cuando en verdad la construimos.

En la época contemporánea la mirada se posa sobre la obra propiamente dicha. Interesa su producción, aquello que posee en sí generando distintos sentimientos en los individuos que la contemplan, leen o escuchan.

Hal Foster señala el movimiento de artistas que buscan generar otro tipo de sensaciones, diferentes de las estéticas, variando las formas de expresión como son el Dadaísmo, el Expresionismo, el Surrealismo, llegando al extremo de lo antiestético como una tendencia rebelde.

Un análisis interesante es la división de la experiencia estéticas en *normal o regular e idiosincrática.* La normal muestra regularidades que llevan a considerar un objeto/obra como atractivo o desagradable. La idiosincrática lo hace hermoso o feo. Se van sumando así posturas cuyas diferencias pueden ser sistemáticas, profundas, relacionadas con la percepción y la cognición, o arbitrarias, vinculadas con otros factores como intereses, modas etc.

Habiendo pasado por la modernidad y la posmodernidad debemos decir que estamos abandonando una época pero sin saber muy bien cómo definir la que sigue. Aparece el arte "inútil", producto de un artista pobre, dependiente, creador de obras únicas; arte desvalorizado que no obstante, a veces produce obras maravillosas.

A su vez se da un vínculo entre el arte, propaganda y diseño, fundando un negocio con artistas menos pobres y aún ricos. Dependen del *marchand* y de Internet. Producen obras múltiples (producción en masa) muy accesibles para el mercado. Existen ejemplos anteriores a la modernidad como Tiziano en la pintura.

Otro aspecto a considerar entre la multitud de variantes en la relación obra, creador, observador, es la dependencia del financiamiento. Puesto en términos un tanto burdos: el pagador. Un caso es el de un sujeto poderoso que solicita el servicio de un artista más o menos reconocido para realizar una obra por encargo. El pagador puede formular dicha solicitud según sea su amor por el arte o su egolatría, y el artista puede aceptar y cumplir con el encargo por la tranquilidad pecuniaria, pero también por la posibilidad de desarrollar su creatividad y dotes en un ambiente protegido.

El mecenazgo posibilitó obras con las que nos maravillamos siglos después. Por suerte no ha desaparecido del todo; persiste materializado en fundaciones, universidades y algunos gobiernos. La cuestión es cuánta libertad conceden al artista para elegir un tema, utilizar una técnica o si por el contrario deben someterse estrictamente al deseo de quien lo financia.

Vida un tanto azarosa la del artista, sobrevivir y crear, sin depender en demasía del criterio estético de quien lo apoya o sostiene. Situación que se puede zanjar con arrogante desdén como la han hecho Picasso, Dalí, Mozart y otros tantos. Muchos otros sucumben y trabajan según pedidos y modas, cambian de estilo y técnica sometiéndose al arbitrio del poder. A veces desaparecen sin realmente desaparecer, ocultados en la multiplicación y difusión masiva, la copia o el plagio que pueden llevarlos a la fama sin ser realmente conocidos en toda su dimensión. En todo caso son reiteraciones a gusto del consumidor según la moda impuesta.

Los cambios se aceleran al igual que las nociones de espacio y tiempo. Tomemos como ejemplo la fotografía y la pintura, el cine y el teatro, los conciertos y las grabaciones y la interacción entre ellos sumada ahora a las posibilidades de la digitalización y la Inteligencia Artificial. Aparecen nuevos criterios, posibilidades y demandas, que no obstante no parecen poder zafar de la subjetividad, el inconsciente, la sensopercepción y la impronta sociocultural. Surgen museos, exposiciones, galerías, salas y mercados asociados con *marchands*, críticos, publicistas, promotores y mercaderes. También acompañan aquellos que ¿egoístamente? Se deleitan coleccionando, eligen, observan y juzgan, impulsando modas, modos y corrientes, estrategias y negocios.

El artista puede plegarse para sobrevivir, luchar nucleándose en grupos contracorriente o sucumbir a la demanda. Cada sociedad y cultura tiene un ensamble de estos componentes, con rasgos individuales y sociales cambiantes.

En la actualidad la Inteligencia Artificial abre un mundo preocupante, no solo por la posibilidad de la reproducción masiva que originalmente se vio como un acercamiento al pueblo (entidad variable y de difícil definición), sino también degradando la unicidad de la obra de arte ante la posibilidad de crear obras sin autor o a semejanza de cualquier autor. Lo grave es que recientemente una pintura, sometida al juicio de expertos, fue tomada como un original desconocido de un pintor famoso. Crear a pedido del consumidor en base a big data del artista verdadero y sus obras es la amenaza. Para peor se discute si judicialmente ese tipo de obra, creada por una máquina, puede ser considerada plagio. Largo tiempo atrás planteamos en una reunión de cátedra si con este mismo tipo de información podíamos crear un texto de Borges. Larga discusión que casi siempre terminaba en "Borges es Borges" y sus ocurrencias le pertenecen en exclusividad. Jamás se nos *ocurriría* escribir algo sobre una esquina rosada, a lo sumo se nos podría *ocurrir* escribir como está escrito "El hombre de la esquina rosada" que sin embargo **nunca será** "El hombre de la esquina rosada". La creatividad es una ocurrencia individual única e irrepetible como lo es el ser humano que la alberga. No por accidente Borges siempre aparece "a la vuelta de la esquina" como decíamos en el barrio. En Pierre Menard autor del Quijote, al decir de Umberto Eco, establece en su modo peculiar, que tanto el Quijote de Cervantes como el de Menard, son al mismo tiempo *autográficos y alográficos.*

Una de las últimas novedades son los NFT (*non fungible token*): objeto digital no replicable que certifica una obra como auténtica sin que otros la puedan obtener. *Non fungible* significa que puede obtenerse solo una copia autorizada, sin embrago aparecen los *semi fungibles* con ediciones limitadas coleccionables. Emerge el *criptoarte* y por asociación las BAG (*Blog Chain Art Gallery*), en las que los usuarios votan por internet valorando las obras y de ese modo actúan como curadores y críticos.

Otro paso novedoso es el *pop up* y las exposiciones inmersivas, algunas al aire libre, donde se muestran gigantografías de obras de arte que pueden modificarse y ser integradas con otras. ¿Puente entre el metaverso y el mundo físico? En algunas de estas variantes se puede solicitar el envío de una obra autorizado por el autor y "probar" donde ubicarla satisfactoriamente. En ese caso la opción es comprarla con la certificación del autor como original. Para algunos será una perversión al convertir la obra de arte en un objeto decorativo. No escapa de esta situación el artista a quien le señalarán el nicho de mercado en el que tendrá éxito independientemente de su capacidad e inspiración.

Con *big data* se puede entonces ofrecer y producir obras según el gusto del consumidor por un determinado artista, las que serán de alguna forma iguales a originales en su concreción pero con alguna particularidad que impondrá el solicitante. Existirán porque alguien ha pedido su producción. Un "como sí" muy sofisticado con entrega a domicilio incluido.

Personalmente me encantaría expresar mis ideas exactamente como lo harían los grandes pensadores. Como eso es posible ahora, surgirán tentaciones difíciles de vencer en un peculiar encuentro entre ética y creatividad, un problema que adquiere una dimensión peligrosa o al menos muy preocupante. Es posible imaginar que sentado en mi escritorio le pida a un programa de computación que escriba un ensayo sobre ética y estética como lo harían Borges o Damasio, incluyendo una posible combinación de ellos y Maturana. Le podría además indicar los destinatarios, su extensión, el diseño de tapa y las dedicatorias además del pedido de sugerencias sobre editoriales que lo publicarían y las gestiones necesarias. La respuesta/libro se ejecutará en un breve tiempo, casi instantáneamente y seguramente llevará más tiempo eventualmente imprimirla y leerla que confeccionarla por este medio. Mientras tanto el supuesto autor puede estar ocupado en cualquier otra cosa. En caso de publicarse tendrá el valor de verdad que su nombre y la editorial le atribuyan, tan falsos como la calidad de su contenido que dependerá mucho de las instrucciones y de las fuentes de información consultadas. Las *fake news* parecen un juego inocente en comparación con esto. Produce vértigo pensar que con en esta tecnología, el saber, el talento, la experiencia y el esfuerzo de toda una vida pueden ser sobrepasados por una máquina *programada* que no tiene talento, valores, ocurrencias u objetivos y que realmente *todo lo que hace*, lo hace sin conocer, saber ni sentir por sí misma, repitiendo monótonamente un algoritmo que *sí ha sido ocurrencia de un ser humano.*

Movido por preocupaciones similares, el curador Rodrigo Alonso, opina que la criptodigitalización invita a pensar sobre la naturaleza del arte en su modo crecientemente inmaterial y tecnológico. La pregunta actual sería no si los NFT son arte, sino qué es el arte ahora que existen los NFT. Paradojalmente 80% de los NFT son plagios, colecciones fraudulentas o spam.

El futuro siempre está plagado de incógnitas que algunos ya viejos vemos con cierta y fundada preocupación.

Umberto Eco aporta una mirada original. Para él, el arte siendo abierto en extensión. Es un punto de partida a interpretaciones múltiples y variadas, casi infinitas, con las que el observador termina el trabajo de la obra; trabajo que por otro lado considera inacabable. Más interesante aún, marca que la obra vive en la vida de los que la contemplan, siendo las interpretaciones otros tantos mundos.

Llegamos así a un punto en que nuevamente las definiciones se van desdibujando. No obstante siempre podemos detectar un fondo o hilo conductor que alude al objeto en estudio y que a pesar de las diferencias permite encontrar semejanzas y dialogar.

CAPÍTULO IV
Ciencia

Definiciones del diccionario de la Real Academia Española

ciencia. (Del lat. *scientia*). Conjunto de conocimientos obtenidos mediante la observación y el razonamiento, sistemáticamente estructurados y de los que se deducen principios y leyes generales con capacidad predictiva y comprobables experimentalmente. || Saber o erudición. || Habilidad, maestría, conjunto de conocimientos en cualquier cosa. || Conjunto de conocimientos relativos a las ciencias exactas, físicas, químicas y naturales.

cerebro. (Del lat. *cerebrum*). Uno de los centros nerviosos constitutivos del encéfalo, existente en todos los vertebrados y situado en la parte anterior y superior de la cavidad craneal. || Juicio, talento y capacidad (cabeza). || Persona que concibe o dirige un plan de acción. || Persona sobresaliente en actividades culturales, científicas o técnicas.

mente. (Del lat. *mens, mentis*). Potencia intelectual del alma. || Designio, pensamiento, propósito, voluntad. || Conjunto de actividades y procesos psíquicos conscientes o inconscientes, especialmente de carácter cognitivo.

alma. (Del lat. *anĭma*). Principio que da forma y organiza el dinamismo vegetativo, sensitivo e intelectual de la vida. || En algunas religiones y culturas, sustancia espiritual e inmortal de los seres humanos. || Vida humana. || Persona, individuo, habitante. || Principio sensitivo que da vida e instinto a los animales, y que nutre y acrecienta las plantas. || Sustancia o parte principal de cualquier cosa. || Viveza, espíritu, energía.

espíritu. (Del lat. *spirĭtus*). Ser inmaterial y dotado de razón. || Alma racional. || Principio generador, carácter íntimo, esencia o sustancia de algo. || Vigor natural y virtud que alienta y fortifica el cuerpo al obrar. || Don sobrenatural y gracia particular que Dios suele dar a algunas criaturas. || Vivacidad, ingenio. || Signo ortográfico con que en la lengua griega se indica la aspiración o falta de ella.

persona. (Del lat. *persōna* "máscara de actor"). Individuo de la especie humana. || Hombre o mujer cuyo nombre se ignora o se omite. || Hombre o mujer distinguidos en la vía pública. || Hombre o mujer prudente y cabal.

neuro. (Del gr. νευρο- neuro-). Nervio, sistema nervioso.

neurociencia. Ciencia transversal que se ocupa del sistema nervioso o de cada uno de sus diversos aspectos y funciones especializadas.

Definiciones más allá del diccionario

En este listado de definiciones puede verse el pasaje o deslizamiento de una definición precisa y acotada a una mucho menos precisa, que aún se mantiene dentro de ciertos límites al referirse a "lo neuro" como una estructura biológica con características propias que determinan el particular funcionamiento de los humanos.

En mi época de estudiante el problema de los límites imprecisos incluía la división entre ciencias "puras" y "aplicadas". En las primeras estaban los científicos, seres más imaginados que reales aislados en su torre de marfil tratando de encontrar las leyes que rigen el universo. Los cultores de la otra categoría eran seres mundanos tratando de resolver los interrogantes de la vida cotidiana, los tecnólogos. Con el tiempo los límites entre ambas posturas se han ido difuminando a resultas de la creciente retroalimentación de sus saberes. Han surgido en la era moderna y aún contemporánea otras clasificaciones no exentas de discusiones y debates: ciencias "duras", "blandas", "físico matemáticas", "naturales". Las humanidades eran y siguen siendo el otro gran grupo diferenciable. El debate, no saldado del todo, muestra lo dificultoso que es definir a veces objetos de estudio complejos, siempre en movimiento, cuando aquél encargado de la tarea es, a su vez, un objeto de estudio complejo y cambiante. El lugar de las ciencias aplicadas de alguna manera devino en tecnologías con un creciente desarrollo y poder, a punto tal de ser demandantes y facilitadoras de las investigaciones cuyos "logros / descubrimientos" son aplicados rápidamente al desarrollo de objetos, teorías, procedimientos, de uso práctico y concreto. Existen determinantes que condicionan esta relación. Figuran entre los más importantes quienes con poder suficiente y recursos materiales a su disposición direccionan el proceso al fijar objetivos y prioridades; tema para etólogos, epistemólogos, científicos y filósofos en general. Subsiste un grupo importante que pertinazmente, siguiendo de algún modo a Sócrates, practican o al menos intentan practicar la *mayéutica* sin condicionamientos, por el puro deseo y curiosidad de conocer y saber para poder comprender y explicar. El placer de *descubrir*, frente al temor de la incertidumbre y el dolor de la ignorancia. *Descubrir, develar*, llevan a pensar que lo que hacemos al crear-descubrir es poner una mirada personal, individual y por lo tanto original.

En realidad lo es en apariencia, ya que solo instauramos un nuevo ordenamiento de lo existente. Nuevo solo por lo limitado de nuestro campo de visión y tiempo de observación y por nuestra condición humana que crea un tiempo con su memoria y un espacio a su escala donde se da "una" realidad que suponemos existe más allá de cuando la construimos con nuestros sentidos. Realidad con incertidumbre y controversias que la cuestionan, ahora desplazada por una "nueva realidad" tan incierta como la vieja, posibilitada por los nuevos desarrollos tecnológicos. Estos a modo de prótesis, llevan las posibilidades de nuestros sentidos, nuestra memoria y la capacidad de manipulación de datos a límites que permiten construcciones imaginarias como son en el fondo las teorías y las hipótesis en las dimensiones nano del micro mundo atómico o los años luz de un espacio lleno de galaxias y un ¿inconmensurable? más allá de él. Surge lo virtual, una nueva categoría que nos atrae y a veces atrapa. El infinito, la física cuántica, Galileo, Darwin, Freud y Borges forman un entrañable ensamble para entretenernos pensando y jugando a este juego que es nuestra breve (en tiempos cósmicos) existencia. ¿Salto evolutivo? ¿Cambio de fase? ¿Nueva era? ¿Futuro del planeta y de las especies/naturaleza? Lo antes inimaginable ahora real. Interrogantes para tomar unos mates, te o café en las variadas torres de marfil personales como pueden ser un cafetín de Buenos Aires, la biblioteca escritorio de algún claustro, o el jardín, tal como ha sido y aún sigue siendo en mi caso.

En la naturaleza hay variantes evolutivas que incluyen a los humanos, no solo en su biología sino además en su cultura. Los que otrora era miembros de la comunidad de científicos pasaron a ser tecnólogos o más bien tecnócratas que se benefician instrumentando los conocimientos generados por ellos mismos o por otros; la supuesta motivación es ayudar a mejorar el vivir de los seres humanos en la naturaleza, lo que no siempre se cumple. Los desvíos pueden deberse a fallas éticas o a los aspectos y consecuencias no previsibles de los llamados avances o progreso científico.

Inicialmente y aún ahora, vivir es más supervivencia que convivencia. Se da una lucha ¿necesaria? entre los humanos intentando ser dominadores de la naturaleza, que en última instancia es la dominadora por excelencia. Planteada así es una lucha absurda del *homo* contra su propia esencia que incluye a semejantes de su propia especie. En el fondo de esta tarea, raramente explicitado, se da el *marco ético* que la rige y regula.

Algunos científicos son movidos por el interés exclusivo por conocer para saber, otros aprovechan ese conocimiento usándolo para dominar, lucrar, controlar e inducir. Los primeros a su vez son, o al menos tratan de ser, los dueños de su propio interés y de sus hallazgos, situación a veces muy demandante por requerir un grado enorme de libertad y la responsabilidad consecuente. Como son perseverantes, los logros compensan con creces y al menos hacen tolerable su destino. Son esperanzados y por ello tienen al futuro como acicate y fuente de optimismo. Lo imprevisible del mismo y muchas experiencias del mal uso de sus descubrimientos los llaman a recato y a veces a serios conflictos con su propia moral.

Sobrevivir en esos casos ha implicado a veces abjurar, huir o cambiar la fuente de sustento. Galileo y Leonardo son algunos ejemplos lejanos.

En el otro extremo están aquellos sujetos en una situación de aparente privilegio a quienes les financian su quehacer, sus intereses y deseos personales, colocándolos por otro lado en una situación dependiente tipo amo-esclavo con su ética particular.

El paso del tiempo ha hecho menos visible este vínculo persistente. El llamado progreso permitió a las tecnologías desarrollarse enormemente y mostrar resultados asombrosos utilizando (aplicando), los conocimientos científicos y a su vez posibilitando el desarrollo, avance de nuevos *descubrimientos.* Las ideologías políticas han oscilado de un extremo al otro según épocas, lugares y circunstancias, favoreciendo o impidiendo.

No puedo evitar una sonrisa, cuando dejándome llevar por la corriente en ese fértil mundo de las asociaciones, recuerdo una canción para niños parodiada por Les Luthiers. En ella se habla de una gallinita que pone huevos. Cada tanto irrumpe la voz simulada de un niño que constantemente pregunta ¿por qué? Inicialmente el resto de los músicos le dan una respuesta hasta que, hartos de las interrupciones, lo despiden con cajas destempladas. En realidad el problema con las "interrupciones" no es tanto la perturbación del canto como el agotamiento de las respuestas ante la insistencia de una pregunta radical: ¿por qué? No casualmente el mismo grupo tiene otro tema que habla de "la epistemología". Sospecho es el sendero por el que voy andando con estas asociaciones que a veces parecen "descolgadas".

El por qué reiterado, es una conducta habitual en los niños que utilizan una lógica a la que llamo contundente, guiando sus aprendizajes iniciales. Son *protocientíficos.* Ignoran la cadena de conocimientos previos por las cuales los adultos damos por sentadas la mayoría de las reglas y leyes que rigen nuestras vidas y que han pasado al territorio de lo *implícito, automático.* El niño es un reservorio de ignorancia, por eso pregunta, explora y gradualmente lo va llenando, nunca del todo. La flecha del tiempo y su plasticidad agrandan tanto el reservorio como el contenido de objetos/experiencias. Gracias a él, podrá aprehender/guardar y aprender en un fascinante juego entre atención, memorias y el mundo que se despliega ante sus sentidos en el que despliega sus conductas, hace, se mueve. La curiosidad que estimula su atención es desatada por lo desconocido, lo mueven, motivan y surge el ¿por qué?, luego vendrán el ¿para qué? y progresivamente los cómo, cuándo, dónde y una infinidad de cuestionamientos cada vez más complejos, abstractos y profundos.

Imagino a los primeros pensadores, ya adultos, formulándose esas preguntas consideradas fundamentales y me temo eternas. En el fondo los filósofos, que junto a los científicos son los preguntones por excelencia, especulan alrededor de una pregunta tan básica como: ¿por qué hay cosas o por qué existen las cosas? Progresan a sus derivadas que pomposamente se juntan en el corpus de la epistemología. Sendero que en una dramática bifurcación puede llevar a la búsqueda esperanzada o a la angustia y la tristeza de la intuida ausencia de respuesta. Solemos oscilar entre ambos caminos: ciencia y humanidades. La observación del mapa sugiere el territorio en el que debemos movernos intentando en forma conjunta analizar ética y estética. Elijo el de la ciencia en razón del tremendo y veloz desarrollo de las neurociencias además de que es el más familiar para mí. Precautoriamente guardo el mapa y tengo en cuenta otros senderos de ida y vuelta.

A las neurociencias le caben todas las posibilidades y limitaciones de la investigación científica en general, con el agravante que el investigador al tomar como objeto de estudio a sus semejantes, lo hace sobre sí mismo utilizando su propia capacidad de investigar. Un fascinante sistema recursivo. Por otra parte si consideramos al *Sistema Nervioso* como único generador de las conductas humanas, el estudio de la Ética puesta en juego adquiere singular relevancia en especial por la particularidad antes señalada de ser parte del sujeto que investiga y del objeto a investigar que lo configura como investigador. El problema que esto suscita, no es solo la dualidad de ser sujeto y objeto al mismo tiempo, sino adicionalmente el convertir en única otra dualidad como es la de reducir a la materia cerebral la abstracción inmaterial de las ideas rectoras de las conductas que llamamos ética y estética, por ejemplo.

Partiendo de esta mirada obviamente sesgada, lo subyacente y determinante de las conductas regladas por la ética o la estética, es la *toma de decisiones*. La vinculamos al funcionamiento de estructuras del sistema nervioso que cambian según los métodos empleados para investigar: lóbulo frontal, memoria de trabajo o el cerebro como un todo. Podemos ser muy deterministas y aceptar que la biología hace la tarea por sí misma y tomarla como *el* punto de partida con la neurobiología, asumiendo sea la base capaz de producir un intangible como son las ideas o la capacidad para simbolizar como es el lenguaje. Derivada de ella, la Neuropsicología se interesa por la relación cerebro y conducta, pero examinada desde diferentes ángulos. Reconoce que la biología del Sistema Nervioso ofrece el procesador al que llegarán los materiales/experiencias adquiridas al existir, pero eso no es todo; entonces con diferentes herramientas y diferentes paradigmas pertinentes al campo de las humanidades trata de avanzar teniendo en cuenta que, plasticidad mediante, estos materiales sedimentan en memorias individuales y sociales a las que llamamos cultura en sentido muy amplio. La demanda a la que tratan de responder, es conocer para dar certeza y validez al vínculo de ida y vuelta del hombre con el universo del que es parte. Ese vínculo hace y determina la originalidad, la creatividad y la libertad. Esta última nunca absoluta. Aceptar este último modelo al que adscribo (uno más entre tantos otros) implica reconocer que el producto intangible puede re-materializarse recursivamente sobre sí mismo o en uno semejante y viceversa. La abundancia de modelos muestra la insuficiencia de saberes, que al ser múltiples, cambiantes, sin ensamblaje sólido y permanente; configuran un rompecabezas de piezas sueltas sin el modelo guía.

El intento didáctico de armar/resolver este rompecabezas consiste en iniciar el recorrido por los sentidos, transductores de formas variadas de energía en impulsos electroquímicos. De ese modo, vemos, oímos, olemos, degustamos, tocamos y sentimos que nos tocan. También sentimos movimiento o quietud y los provocamos. Me aventuro a incluir el sistema inmunológico como cancerbero de nuestra identidad, en particular detectando lo extraño, amenazante y/o peligroso para nuestro cuerpo. Pasamos luego a transformar sensaciones en percepciones merced al procesamiento recursivo en redes de configuración cada vez más compleja, variable y jerarquizada. Los valores, son añadidos de la misma forma, junto con las intenciones de nuestros interlocutores. Tenemos una manera muy especial de hacer esto último que a nivel cerebral ubicamos en las neuronas espejo; su producto deriva en la Teoría de la Mante (Tom). Finalmente surgen respuestas posibles entre las que escogeremos una que aparece con las mayores probabilidades de ser la adecuada. Es convertida entonces en la más probable merced a una tarea combinada entre la memoria de trabajo y el llamado cerebro ejecutivo. El lóbulo frontal, particularmente su parte anterior filogénica y ontogénicamente la más nueva, coordina todas las entradas sensoriales con el archivo de respuestas que en gran parte implican la motricidad para desencadenarla o inhibirla. Es una colosal tarea adaptativa. Interesante para pensar que el término motricidad debe ser entendido como el accionar en pos de un cambio, acciones o gestos y no solo en términos de contracciones musculares. Mover significa trasladar, desplazar, cambiar de lugar, no solo objetos físicos, sino también ideas, pensamientos, imágenes, sentimientos entre otros imponderables que deambulan por nuestra mente. Así *movemos* no solo el cuerpo sino también las ideas al pensar y de esa manera damos forma, configuramos y a la vez somos configurados por la forma y la materia de los objetos

Siguiendo el proceso, el *"cerebro ejecutivo"*, en una eficaz y eficiente tarea de memorias "recuerda" cuál de esas respuestas posibles fue con anterioridad la apropiada, exitosa, o la que llevó al error, el fracaso y la frustración. Hay resonancias y disonancias. De esa información deduce la respuesta sin necesidad que sea idéntica, sino adaptada a las circunstancias del momento. En caso que no existan antecedentes, buscará una situación semejante y de no hallarla, genera hipótesis creando una nueva asociación estímulo-respuesta puesta a prueba; una nueva experiencia con sus resultados a incorporar en su bagaje. Esta tarea me atreveré a llamarla inteligencia en sentido general.

De la riqueza de alternativas, velocidad de procesamiento y recursividad en varios niveles o etapas, dependerá la riqueza y calidad de las conductas emergentes; puesto de otro modo, niveles crecientes de abstracción y complejidad. El procesamiento recursivo con retroalimentación en varios niveles (bucles), posibilita tanto el error como su corrección. Posee una matriz estadística determinante de las aprobaciones o rechazos, aciertos o errores que a un nivel básico son la cuantificación de excitaciones o inhibiciones. Contrariamente a lo intuitivo, son las inhibiciones las determinantes principales frente al universo de opciones. La relación entre excitaciones e inhibiciones y el número de opciones disponibles determina los *grados de libertad para* decidir. Otra manera de expresarlo es la relación entre deseos, pulsiones, demandas y la posibilidad de satisfacerlos o no. La elección o toma de decisiones, la ejecutividad, requiere esfuerzo y tiene un costo que puede ser mental (psíquico) o biológico; también hay recompensas. Elegir, decidir, no son equivalentes a optar. Se opta entre un número limitado de alternativas prefijadas: el menú diseñado por el chef. En cambio se elige con tanta libertad como sea posible entre el mayor número de alternativas disponibles y no pre-configuradas intencionalmente. Buscamos guiados por nuestros conocimientos, deseos y curiosidad ante la oferta lo más amplia posible no pre-configurada intencionalmente por otros. Elijo lo que me gusta, me interesa, necesito, quiero o deseo o simplemente porque "se me da la gana". Esta última razón es una presunción de ser "movientes" no movidos, cual dioses y que en realidad alude a ese intangible inconsciente que nos determina. Hay acciones que por entrañar graves riesgos para la existencia se realizan de forma automática e irrefrenable. Tienen un tratamiento perentorio con un procesamiento mínimo y automático; son los actos reflejos que tienen también la posibilidad de errar.

Muchos vienen ensamblados desde la procreación, heredados evolutivamente de experiencias vitales que no admiten demoras o titubeos como por ejemplo tragar, toser, adoptar posturas antigravitacionales; se los ve claramente en los recién nacidos y en la primera infancia, por ello los denominamos reflejos primitivos, primordiales o ancestrales. Dependen exclusivamente de la biología lo mismo que las reacciones inflamatorias y los mecanismos inmunológicos; en realidad es esa dependencia de la biología con obediencias a las leyes de la física y la química, la que le da su rigidez mecanicista y por ende su rapidez y predictibilidad, útiles para la preservación de lo vital. La evolución y el experienciar crean otro mecanismo asociado, superpuesto, imbricado, al biológico que queda subsumido, pero sin desaparecer.

El ejemplo palmario de esta dicotomía innato/adquirido se da en los sujetos añosos con deterioro importante en que reaparecen los reflejos primordiales de la niñez como por ejemplo la prensión palmar, por el cual cierran automáticamente la mano ante cualquier contacto con la palma de la misma o el de succión y búsqueda al tocar con cualquier objeto sus labios, similar a la búsqueda y succión del pezón por los lactantes. La dicotomía muestra el desarrollo de la conectividad y plasticidad cerebral organizada en niveles jerárquicos; también la existencia de conductas conscientes y otras inconscientes. Lo que aún resiste la atribución de certeza es cómo es que se pasa de un nivel al otro: de lo pensado a lo impensable, de lo elegido a lo automático, de lo real y evidente a lo imaginado y como es que lo hacemos de forma apropiada. El desvío llamado error sirve también para indagar en el mismo mecanismo.

No hace falta señalar entonces la importancia de la toma de decisiones y su aspiración máxima: el *libre albedrío*. Éste es más supuesto que real, al menos en términos absolutos. Se ha utilizado como metáfora crítica el ejemplo del restaurant con autoservicio citado anteriormente con el chef. En él podemos elegir libremente nuestro menú tomando de una hilera de recipientes lo que deseamos. La oferta si bien múltiple y libre, está determinada por el cocinero y es limitada. A su vez también puede haber un límite en la cantidad a servirse, en el número de veces y en el costo. Del lado del comensal hay otros límites como su gusto, el nivel de hambre, su conocimiento de los platos ofrecidos y su presupuesto. Vemos que no inocentemente se llama "libre" a algo que solo es múltiple o abundante, términos relativos y un tanto borrosos. Nuestras conductas no escapan a estas limitaciones. No debe quedar de lado la inducción por la propaganda y el marketing, creadores de demandas a las que el sujeto puede quedar condicionado, no libre de elegir aunque lo crea, mejor dicho: le hagan creer.

Por lo tanto la libertad como valor absoluto es más bien un deseo, una búsqueda frente a una realidad que no conocemos en su esencia. Tenemos cuotas de libertad cuando podemos conocer, sabemos, elegimos, optamos y el resultado es satisfactorio de acuerdo a las circunstancias. Todos tomamos constantemente decisiones, elegimos ante y entre lo que hay. En vinculación con los temas de este libro, vale recordar algunos ejemplos como el de Leonardo: pintar la Mona Lisa o crear una fortaleza y una catapulta. Elegir tabla, lienzo o muro, pincel fino o espátula, la perspectiva o el claroscuro. En otros artistas elegir el acorde o el tono, un poema o una novela. La lista es enorme si incluimos conductas humanas en general: sentarse a dialogar con sinceridad o embaucar, desencadenar una guerra, crear un enemigo, destruir un ecosistema o extender una mano, plantar un árbol, ayudar al que padece. Los líderes tienen una doble responsabilidad como sujetos ejemplares y como determinantes de límites y posibilidades encarnados en seres humanos, incluyendo sus contradicciones. Maquiavelo, Nerón o Gandhi, son algunos modelos conocidos.

Todo es parte de la materialidad del sistema nervioso, pero va y vuelve en esa inmaterialidad de las ideas, los pensamientos y el lenguaje. Algunos llaman a esto *exocerebro*, otros el mundo virtual, otros *brainets* y otros seguimos asombrados preguntándonos a nosotros mismos cómo **se me** ocurrió o cómo fue que **no se me** ocurrió. El análisis o la meditación profunda pueden arrimar a veces las respuestas, en otros casos decidimos ignorar la pregunta o producimos una falsa respuesta consuelo, útil para seguir adelante adaptándonos.

Interesa destacar entonces, que tanto la creación de la obra de arte, como su valor estético, no son determinados *exclusivamente* por la materialidad de una red neuronal peculiar poseída por el creador, ni tampoco por otra semejante en posesión del observador. Hay mucho más que permanece oculto y que llamo el *inconsciente absoluto*. Consiste en la imposibilidad de saber el procesamiento íntimo, profundo de aquello que llamamos mental. Son memorias múltiples en su mayoría inaccesibles si miramos *solo* al tejido nervioso. Si bien están grabadas en él tanto cuando fueron construidas como al evocarlas, contienen un plus por ahora ajeno al conocimiento científico. El plus es eso ya comentado que posee el hombre y carece el resto de los animales. Una autora señalaba que deberíamos frente a la red preguntarnos por la araña que la teje. En *Mentes paralelas* su autora Laura Tripaldi hace precisamente eso.

Está bien que desde el mundo de la ciencia se ponga una mirada esperanzada en descubrir esta última instancia, lo que entiendo no está bien es que se considere la materialidad de la naturaleza y sus leyes como la única fuente de conocimiento y a la vez la determinante del mismo. Tampoco tomar la misma como explicación final, absoluta e inmutable para un fenómeno constantemente cambiante que la abarca.

La naturaleza contiene tanto al observador como al mundo por él observado que lo incluye entre los observables. Ese mundo observado no es el universo en su totalidad al que por ahora, solo imaginamos, fantaseamos y animosamente exploramos.

El riesgo de ceñirse exclusivamente a la exploración científica del cerebro radica en que si llegáramos a saber que una neurona guarda el secreto de una idea decisiva, será muy difícil para los grupos de poder abstenerse de manipularla en su beneficio, aunque aduzcan hacerlo por el bien de la humanidad. Conocer y manipular el átomo, permitió tener isótopos de enorme importancia en investigaciones biológicas y médicas, pero también bombas atómicas y amenazas nucleares.

Este capítulo dedicado a las definiciones puede parecer una innecesaria digresión. No obstante tiene por objetivo promover la reflexión sobre las definiciones y el lenguaje que las materializa. Mi ingenua búsqueda en el diccionario fue la tarea de un científico curioso aunada a la de un niño-filósofo como el que todos llevamos dentro. El primero conoce su ignorancia, *la docta ignorancia,* el otro la ignora pero motiva y ambos tratan de disminuirla, acotarla. Nunca lo logran del todo.

En un comienzo busqué las palabras más inclusivas que terminaron siendo una suerte de *palabras madre.* Fueron aquellas que supuestamente aluden a la esencia, a lo unívoco que llamamos *semántica.* Puede verse que de la definición surgen a su vez, en cada caso, otras *palabras hijas-parte* cuya definición incluye a otras y así podría seguir, no sé si hasta el infinito. Parece entonces parece evidente que la semántica se presta a discusión; es una aproximación más o menos precisa y sólo eso. El uso tanto pule y perfecciona las palabras como las desgasta.. Sucede como en el verso de Susana Baca sobre las letras:

Yo nunca supe la o, me dicen que es redondita
mi madre no me la enseñó porque era muy pobrecita
las letras se van al diablo porque no las sé
pero cuando las hablo se ponen de pie.

La sintaxis y la pragmática añaden intención, sentimiento y contexto, dándoles vida a las palabras que pueden así ser usadas y decir aún cosas para las cuales no fueron hechas ni pensadas. Sirva entonces como advertencia por un lado, y como reconocimiento a los artistas por el otro, quienes por tener como supongo *el inconsciente a flor de piel*, pueden decir en múltiples formas y lenguajes *lo inefable*. Creadores involuntarios de *metáforas*.

Finalizo este recorrido-advertencia ante el uso abusivo, a mi juicio, de la palabra *neuro* como proveedora de certezas y precisiones provenientes de una ciencia aún incompleta y en desarrollo para aplicarla a objetos de estudio mal o imprecisamente definidos, con el objeto de generar certezas. Lo hago con una *advertencia* de Mary Shelley en *Frankestein o el nuevo Prometeo*: "La ciencia es la más peligrosa de todas las artes humanas". Para atenuar su contundencia agregaría el avance ciego de la ciencia o la fe irrestricta en la misma que a veces lleva a conclusiones y predicciones lógicas, pero penosamente falsas por *lo impredecible de los efectos secundarios, los daños colaterales o la posibilidad que una droga cure y sea veneno al mismo tiempo,* por ejemplo. Reaparece la "docta ignorancia".

CAPÍTULO V
Reflexiones

Nuestra opinión no nos pertenece, es un simple reflejo de la de los demás.
John Locke

La constitución de los hombres es tal que prefieren tener un mundo racional en que creer y donde vivir.
William James

El ciclo amortigua el posible horror de una linearidad sin fin en que cada suceso es singular y no se repite sino que desaparece como si nunca hubiese existido.
Rüdiger Safranski

Ningún relato de lo desconocido funciona si no se parte de lo que se conoce.
Martín Caparrós

El primer paso ya dado permite tener un panorama, un bosquejo, que sirve para ordenar un poco las ideas. Es como uno de esos mapas de la antigüedad en los que se representaba someramente lo conocido y se imaginaba el resto; siendo así, sorprendentemente aún posibilitaron y fomentaron exitosas expediciones y descubrimientos. Tentativamente y provistos de él, trazaremos el resto del derrotero que nos acercará por etapas a nuestra meta, que no es otra que conocer de una manera integrada el territorio de la ética y la estética. Estas etapas son metas parciales que cual los descansos o postas del caminante permiten recapacitar, ordenar, reordenar y juntar energías para proyectar el tramo siguiente en pos de la llegada al final, que no será tal, sino un nuevo punto de partida con otros saberes e intereses aupados a la experiencia incorporada en memorias valoradas. He aquí una sucinta lista de los jalones posibles y deseables:

En pos de la ética:
Los humanos y lo humano de los humanos.
Sus conductas.

La génesis de sus conductas.

Las reglas que las guían y regulan.

El animal humano y su cerebro.

Las decisiones con sus posibilidades y probabilidades.

En pos de la estética:

La estética, una conducta especial con génesis y reglas propias.

Los artistas.

Las obras de los artistas.

Los observadores.

El vínculo artista, obra, observador.

La cultura.

El medio incluyendo la sociedad.

Las herramientas o la brújula:

Son los recursos y la manera de utilizarnos con que vamos haciendo camino.

El lenguaje.

El pensamiento.

La epistemología como guía de las indagaciones.

Visto todo esto en su conjunto podemos tomarlo como piezas de un rompecabezas que reclama ser armado, y en eso estamos, al menos en el intento. La dificultad mayor es la carencia del modelo original para guiarnos y copiarlo; a falta de él imaginamos, hipotetizamos, elucubramos. Es lo que mejor nos sale, cuando nos sale. Pensamos, reflexionamos, creamos y seguimos agregando piezas con ahínco, aunque el espacio vacío parece aumentar en vez de disminuir. Afortunadamente seguimos en el intento de llenar por completo ese vacío perseverantemente. El vacío es en realidad la ignorancia, lo que no sabemos porque no ha pasado por nuestros sentidos, la cara oculta de algo que intuimos existe, pero que no está a nuestro alcance. Contrariamente a la idea negativa del vacío, tal vez por la precautoria desconfianza ancestral hacia lo desconocido, este puede funcionar como una provocación atractiva, la curiosidad, que nos mueve a explorar y por ende nos mantiene vivos en tanto ciclamos entre esa carencia y lo que afanosamente vamos adquiriendo para suplirla. Tanto la aceptación de una ignorancia absoluta y permanente como su opuesto, un conocimiento total y permanente, llevan y representan la quietud fatal de la muerte, la desesperanza y ausencia de futuro. Esto es así en nuestro mesomundo; afortunadamente la ciencia y la tecnología posibilitan otros niveles, otros mundos, en los que se sigue dando esa secuencia en una infinita cadena de eslabones alternantes, de vacíos y llenos, satisfacciones y carencias, éxitos y fracasos. En biología este fenómeno es claramente visible si estudiamos las membranas celulares que separan dinámicamente los contenidos de su entorno pugnando por equilibrarse sin lograrlo. Ese ir y venir entre interior y exterior forma ondas que son, en el sistema nervioso, la manera de pasar mensajes. El vacío molesta pero atrae, nos mueve hacia él y así existimos, vivimos. Surge el problema de los límites, los bordes y las fronteras que muchas veces son tomadas equivocadamente como equivalentes. Cruzar un límite implica un cambio de estado, traspasar un borde es atravesar una barrera u obstáculo y cruzar una frontera equivale a trasgredir, desafiar, avanzar hacia los novedoso, lo desconocido. Los humanos oscilamos ante estas alternativas que distan de ser unívocas, rígidas y constantes.

Los seres humanos venimos desde siempre interrogándonos, obsesiva, a veces desesperadamente, por el universo. Lo hacemos incluyéndonos a nosotros mismos, con la peculiaridad que por ahora somos el animal que formula las preguntas y las respuestas al mismo tiempo. Suele decirse que Shakespeare *inventó lo humano*, dado que en sus obras los personajes creados cobran vida al mostrar esa incertidumbre tan particular y privativa cuando, por ejemplo, calavera en mano se interroga: *ser o no ser, esa es la cuestión*, el problema a resolver. Los griegos lo habían hecho antes.

Mirando a un animal tan especial como el humano, notamos que es cambiante, ambivalente, aprende y olvida, a veces sabe otras ignora, actúa, configura, se autoconfigura y es configurado. La toma de decisiones, los valores, las motivaciones y la libertad para escoger y accionar están en su basamento, ya sea cuando canta, dibuja, pinta, ama, pelea, odia o ayuda. Puede escoger tanto una flor como una espada y con ellas separadamente halagar o matar; ofrendar una flor a la mujer amada o llevarla como emblema y adorno de su escudo de guerra, blandir la espada para cortar el nudo Gordiano o para atacar a quien desafíe su autoridad, creencias o intereses. Conjunción de estética y ética en un ser complejo actuando en un universo igualmente complejo, donde ha creado culturas que lo definen y condicionan: las catedrales con sus frescos y vitrales, los parques con sus paisajes y aromas, los claustros donde piensa y enseña o la TV, Internet, las galerías comerciales y los cuarteles llenos de armas letales. En la observación tomamos lo tangible: cuerpo y conductas. Se nos escurre lo intangible, eso que media entre el cuerpo y sus realizaciones, entre el funcionar y el existir como dice Miguel Benasayag.

Llevamos un registro en el que archivamos lo que conocemos a partir de las diferentes observaciones, descubrimientos y los métodos empleados para poder hacerlo. Por ser histórico lo inscribimos-escribimos-describimos y re-escribimos en un marco espacio-temporal cambiante; por ello hablamos de evolución, desarrollo, progreso, catástrofes, apariciones, extinciones y eras. Hay sucesiones alineadas en un devenir en el que a veces se descubren ciclos, en otras concatenaciones con vínculos claros o aleatorios.

Investigar es dar rienda suelta a la curiosidad poniendo como meta conocer para saber y poder; también es liberar a la imaginación, la intuición y la osadía para apartarse de lo conocido. Tarea ímproba que debe incluir la relación estrecha con lo existente que se incrementa todo el tiempo. Una verdadera expansión debida tanto al incremento de lo observable a conocer, como al número de observadores/descubridores y sus capacidades que aumentan exponencialmente por el desarrollo de nuevos métodos de investigación. Estos aportan nuevos campos de observación y mayores y mejores posibilidades de registro y manipulación de datos.

Pasamos del mesomundo en que nos desenvolvemos como pez en el agua, al macro en nivel mega, y en el otro extremo al micro, lo nano. Inventamos artefactos que cual prótesis nos lo permiten: anteojos, telescopios, microscopios y ya en nuestro tiempo la digitalización, el *big data* y la inteligencia artificial, por ahora prostética, pero con posibilidades de pasar a ser parte de nuestra constitución. ¿Será esto una hibridización o quizás una nueva mutación evolutiva que reemplazará a nuestra especie? Tienta la pregunta de Shakespeare: ¿ser o no ser? Sabemos a través de la biología molecular cuál es el plano guía que determina como somos construidos, configurados como especie. Es el mismo o muy parecido a aquel con el que a su vez, mecánicamente, construimos y configuramos hacia afuera y adentro de nosotros mismos. ADN, genoma, herencia, memorias, son los ladrillos que podemos manipular de múltiples formas, hasta el extremo de trasgredir las leyes de la naturaleza. Leyes que ya no parecen ser tan rígidas ni tan sólidas. Algunas pasan a ser mitos. Uno de ellos era la incapacidad de las neuronas para reproducirse más allá del período embrionario, o la de ser las únicas células capaces de recibir y transmitir impulsos/información; no lo hacen solas, otras células presentes en el sistema nervioso son igualmente esenciales para la misma función.

La procreación *in vitro* con selección de características del embrión según demanda, las células madre y la posibilidad de crear órganos y seres a medida, los pesticidas y las vacunas, muestran las fronteras cruzadas, también los límites, por lo cual hablamos de cambios de era. La reproducción de la especie ya no es absolutamente dependiente del sexo y su conjunción y de ahí también surgen las discusiones sobre los llamados problemas de género. Puede entonces invadirnos la omnipotente tentación de sentirnos creadores y decir ¡Eureka! Igualmente podemos incurrir en simplificaciones erróneas si no reconocemos que *genético no es equivalente a hereditario* y que desde los cromosomas al ADN y al ARN, surgen casi diariamente nuevos descubrimientos que los muestran más complejos, con nuevas incógnitas que parecen incrementarse con los avances. Entre ellas perdura el desafío de saber qué es lo que determina algunos cambios genéticos llamados mutaciones y qué función cumplen, cumplieron o cumplirán esas zonas en las cadenas de la famosa hélice, que eufemísticamente son denominadas "*nonsense*" (disparatada) o "*missence*" (sin sentido).

A pesar de todo esto, pareciera que aquello que los llamados gurúes, brujos, sacerdotes y filósofos soñaron, pensaron y predijeron alguna vez, más tarde los científicos y los tecnólogos lo van realizando, pero retornando sin embargo al punto de partida de nuevas ignorancias. Lo hacen con una mochila más y mejor provista en un bucle más y van...

Se hablaba y habla de genios, pensadores, realizadores y también de locos. El pasaje de imaginar a realizar ha ido variando según épocas, lugares y circunstancias. De Julio Verne a Neil Armstrong en la luna y del Nautilus a un submarino nuclear navegando bajo los hielos polares. De la ilustración del libro de psiquiatría con el dibujo de un alienado proponiendo una escalera para llegar a la luna, supuesta clara demostración de su locura, al anuncio de la paterno-maternidad de una estrella de TV que encarga un niño con determinadas características sin participar ni en la génesis ni en el desarrollo embrionario. Una entrega *"llave en mano" de un cachorro humano*. Muchas veces los artistas o simplemente el humor inocente anticipan el futuro.

A los 17 años publicamos jocosamente un anuncio publicitario en la revista de 5º año, 2ª división de nuestro colegio secundario, el Nicolás Avellaneda. Ofrecía *"venta de cromosomas X e Y para la industria del niño"*. Huelga decir que nuestra orientación era "Ciencias Biológicas". El ejemplo de los niños por encargo comentado anteriormente se produjo unos cincuenta años después. Si comparamos con Verne y Armstrong, es notable la aceleración de los tiempos medidos; el período que va de una idea inicialmente considerada una fantasía a su materialización, de siglos antaño a días en la actualidad, tal vez segundos o menos en el futuro. Se ha hecho un curioso cálculo o estimación del total de conocimientos poseídos por los primeros homínidos y su aumento en el tiempo. Inicialmente se tardaban milenios, luego siglos, más adelante décadas, ahora días y horas para su incremento exponencial. El paso del tiempo fue demostrando que en el universo a nuestro alcance, las posibilidades de *recombinaciones* imaginables terminan por ser imaginadas, y eventualmente convertidas en nuevas recombinaciones. La nave va... Nuevo-viejo: un oxímoron invalidado no por la lógica, sino por el desconocimiento de un origen o punto de partida que permita determinar secuencias y de ese modo un tiempo independiente del momento de la observación y del observador. La física y la mecánica cuántica trajeron esto a la luz.

Para el *homo* actual la ciencia parece imbatible; su método, incuestionable, y sus resultados la validan en una especie de profecía autocumplidora llena de esperanza y optimismo. *"No lo sabemos ahora, pero con el tiempo y los avances, lo sabremos".* Ante un resultado indeseable, surge la esperanza en un nuevo descubrimiento que lo corrija. Pero, *el gran pero*: todo parece estar a nuestro alcance, *pero* en un horizonte cercano que siempre se aleja. Solo nos sirve para movernos, como lo describiera Eduardo Galeano. No es poca cosa ni empresa despreciable, aunque a veces por agotadora alienta al desánimo. Cuando creemos tener las respuestas cambian las preguntas. La gran paradoja es que tanto las preguntas cambiantes como las respuestas las formulamos nosotros mismos. Los amantes del fútbol dirían, nos corren el arco, simbolizando una meta elusiva. No casualmente en España al arco lo llaman meta y un gran comentarista deportivo argentino (Dante Panzeri) definió al fútbol como la *"dinámica de lo impensado".* Impensado pero pensable, respuesta dinámica a una nueva situación no prevista o imposible de ser prevista. El existir como un partido jugado en canchas, equipos y reglas cambiantes aleatoriamente para los jugadores.

Lo impensado, lo aleatorio, lo sorprendente, son interrogantes que ponen al desnudo un aspecto de los seres humanos que les ha generado una profunda herida en su omnipotencia: el inconsciente. Allí se suma lo instintivo, lo sabido pero indescifrable, lo imprevisible aunque conocido, lo mirado pero no visto, componentes que están "detrás" de la conciencia determinando nuestras conductas.

Cual Narciso que se contemplaba en un espejo de agua, nosotros nos contemplamos ahora, pero en otro espejo, el de la historia evolutiva. Sobrevaloramos la imagen vista como la de un poderoso creador sin límites y nos enamoramos de ella. Creyéndonos Narciso, cambiamos belleza por omnipotencia y nos cabe esperar el castigo divino. Estimo este podría ser tropezar con la realidad de la naturaleza de la que formamos parte; tropiezo que nos señala nuestras limitaciones por ser ignorantes con falencias que nos hieren, pero que tratamos de ocultar o disimular pensando y diciendo que son temporarias.

Creíamos ser dioses, la ciencia lo prometía y aún lo promete restaurando un nuevo Narciso en reemplazo del hecho añicos por las nuevas lecturas de la realidad. Copérnico, Galileo, Newton, Einstein, Böhr, Darwin, Cajal, Freud fueron los grandes lectores. Al saber cada vez más, la omnipotencia se incrementa y Narciso va reapareciendo con una ima-

gen incompleta porque la sabiduría no es suficiente y la omnipotencia
renguea.

Recuerdo una publicidad de cigarros en Estados Unidos que se convirtió en metáfora de esos intentos suficientemente buenos que sin embargo no alcanzan la meta. El premio por dar en el blanco era un cigarro, de allí la frase popularizada por Annie Oakley: "*close but not cigar*",
aludiendo a los intentos cercanos pero no suficientes y por ende sin
recompensa. Valga como complemento a lo sucedido a Narciso.

Si tomamos un poco de distancia vemos que el nudo gordiano del
problema para el ser humano radica en la ignorancia, el desconocimiento de aquello esencial que realmente lo diferencia de los otros animales. Ya no alcanza con señalar la bipedestación, la oposición del pulgar, ni siquiera el lenguaje, al que para rescatarlo debemos considerarlo
solo diferente al de los primates y algún otro mamífero evolucionado.
El nuestro posee una capacidad simbolizante que nos permite pensar,
manipular, inducir e inclusive fabular o mentir en ausencia de los objetos, situaciones o personas aludidas. Añado también lenguajear (Maturana *dixit*), escribir, poetizar, cantar, pintar, esculpir, crear, trabajar, con
o sin la necesidad o la intención explícita de comunicar o transferir a
otros lo que guía precisamente esas acciones. Hay más de un lenguaje
con similares capacidades, por ejemplo el gestual, el corporal y algunas
formas, para algunos controversiales pero a mi gusto muy importantes
y hasta poéticas, como el de las flores, el color de las rosas y el del mate
que analizara y utilizara maravillosamente el psiquiatra Alfredo Moffatt,
observando las mateadas en ronda de sus pacientes. No podemos "*dar
cuenta de*" algo tan esencial y complejo. En términos de Daniel Dennett
significa "*dar cuenta de cómo es que*" poseemos estas facultades. No podemos ya sea porque no lo hemos estudiado apropiadamente o simplemente porque es imposible hacerlo a pesar de desearlo. En ocasiones
creemos que lo logramos, pero Sigmund nos vuelve a recordar que no
somos amos en nuestra casa y desata una verdadera avalancha de pe-
ros al dudar si hablamos o somos hablados. ¿Creadores o repetidores,
conscientes o inconscientes?

Vale la pena entonces pensar dónde buscar ayuda, cuando no parece haber respuestas definitivas dentro de las ciencias, hoy vigentes y casi excluyentes como son las físicomatemáticas, la química y la biología.

"*Las humanidades*" pueden ser otra vía, a pesar de ser calificadas peyorativamente y en forma desconsiderada como ciencias blandas, olvidando que fue la filosofía, origen del resto, la que abrió el juego y aún persiste en eso. Afortunada y razonablemente, todas las ciencias en algún punto y momento convergen. Lo hacen formulando las grandes preguntas, teorías e hipótesis en busca de leyes rectoras, o validando esas leyes e hipótesis a partir de hallar las certezas materiales de su posibilidad. Solemos describir esta tarea refiriéndola como los métodos "*top down*" y "*bottom up*", desde lo más superficial y abarcativo (las grandes preguntas) a lo más pequeño y profundo (la condición material de posibilidad). Los logros se van dando en la convergencia, en el recorrido y el encuentro, así como en la posibilidad que puedan alternarse en ambas posiciones. El estudio del lenguaje es un buen ejemplo si lo consideramos a partir de Borges, Shakespeare, Saussure, por un lado y Broca, Wernicke y Maturana por el otro. Podría citar otros ejemplos que parecerían extremos: Beethoven y Velázquez explicados por Von Helmholtz, Newton y Huygens, o Santo Tomás, Julio César, Nerón, estudiados por Charcot, Freud, Cajal, Dennett y Kathinka Evers. Debo reconocer que la elección de estos ejemplos ha estado sesgada por la temática que nos ocupa. Dejo librada a la curiosidad de los lectores formular otros. Lo importante es poder percibir que estamos frente a un proceso dinámico con idas, vueltas y cambios de posiciones que nos acerca al saber, pero que no lo agota.

Aparece entonces ese abanico inter y transdisciplinario como son las *neurociencias*, particularmente atractivas por la expectativa de encontrar allí, en el cerebro, los secretos, la esencia, la clave, de lo humano de los seres humanos. Allí es donde se da el inicio del presunto exitoso camino de traducciones o transducciones; el pasaje del ámbito de lo inmaterial a lo material y viceversa, conservando ambas esencias pero dando lugar a algo nuevo, una amalgama fundacional, un escalón en esa escalera hacia el conocimiento último; puede ser el cielo imaginario, Dios, la alquimia o un nuevo inmenso signo de pregunta. Camino varias veces transitado, *"but not cigar"*. Debo reconocer que Miguel Nicolelis y su grupo parecen estar a punto de lograrlo en su intento de dar en el blanco, ese punto central, nodal, del que irradia todo lo humano, quizás lo hagan, pero por ahora siguen sin el codiciado cigarro de recompensa. Dennett y otros lo acompañan de diferentes formas. Filósofos y científicos mirando al mismo objeto de estudio

La mirada *reduccionista/biologista/neuro* tiene sus cultores. Entre ellos Camilo Cela Conde, autor interesante para el planteo en relación a la estética. En su publicación "Dynamics of brain networks in the aesthetic appreciation" considera tres regiones cerebrales para la apreciación estética:

1. Recompensa-placer y emociones.
2. Juicio y toma de decisiones.
3. Percepción.

Las refiere a la corteza frontal medial, el precúneo y la corteza cingulada posterior, zonas similares a las involucradas en la red *default*. ¡En realidad ésta comprende muchas otras regiones corticales y subcorticales ! (*close but not cigar*). El hallazgo interesante fue la activación paradojal de esta red en la apreciación estética, actividad demandante de recursos atencionales, lo contrario de la activación de la red *default*, inactiva en la realización de tareas que requieren atención y activa en situaciones de reposo. Tal vez la paradoja se deba al doble reduccionismo de limitar la estética al cerebro y en este a una zona en particular, sin considerarlo como un conjunto de redes distribuidas y vinculadas recursivamente, tal como hoy se comienza a postular por ejemplo con el modelo total, integrado, del "*Embedded brain*" (cerebro incorporado). Adicionalmente la metodología experimental tiene límites. Lo que muestran la RMf o el PET Scan es la actividad cerebral *inferida* a partir de las variaciones en el contenido de oxígeno en los vasos o en el tejido; relación compleja con varios determinantes como el consumo, el transporte y el flujo, sumado a que en una red, lo visible puede ser cualquier eslabón y no específicamente el determinante o responsable del efecto observado.

A partir de los datos se hace otra inferencia que es la correspondencia entre esas variaciones y la tarea que el sujeto bajo estudio realiza, que puede ir de un simple movimiento hasta hablar, leer, mirar, pensar, sentir. La tercera inferencia es casi un acto de fe; la dependencia del cumplimiento de las indicaciones y la veracidad de las respuestas por parte del sujeto de observación mientras se lo examina. Existen artilugios técnicos para amortiguar o borrar el ruido que son las inexactitudes. El *quid* de este procedimiento es que pasamos de epistemología de primera a tercera persona, según miremos a las imágenes o a las consignas y respuestas producidas por dos humanos, examinado y examinador. Existen además varios cuestionamientos a la tecnología en sí, como por ejemplo el bache temporal entre la conducta o tarea observada y el registro de lo que realmente ocurre en el tejido, a pesar que se sostiene es obtenido *en tiempo real in vivo,* o el vínculo entre lo *"que realmente sucede"* y las imágenes, dependientes de la sensibilidad y especificidad del equipo y la técnica empleada, que varía según los laboratorios.

Concretamente, lo que vemos es parte de una secuencia de activaciones, pero no necesariamente su origen ni tampoco la información que circula en sí. Por último, las redes establecen conexiones dinámicas, transitorias y recíprocas; son plásticas y cambiantes, un blanco móvil y difícil. Todos estos reparos no disminuyen la importancia de la revolución que las neuroimágenes han traído, constituyendo un cambio de época al pasar de la inescrutable caja negra a una visión del cerebro en vivo, funcionando espontáneamente o sometido a pruebas cada vez más complejas, tanto en la normalidad como en las patologías. Hemos avanzado muchísimo y decimos que desde la TAC primigenia, que hoy nos parece una simpleza, las neurociencias en sus grandes agrupamientos clínicos han cambiado tanto, que ahora son etiquetadas como pre y post tomográficas. Inclusive ahora podemos estudiar a nivel molecular in vivo una neurona a través de marcadores sensibles al infrarojo o la colocación de un electrodo intracelular y registrar su actividad a distancia. El mapa ya no lo configuran grandes estructuras o bloques sino cadenas celulares, encarnación de las viejas *"vías"* hoy llamadas *"conectoma",* que no solo pueden mostrar el lugar donde residen sino la configuración dinámica, plástica y cambiante según la tarea demandada hasta el nivel molecular de sus neurotransmisores. Se va transitando un difícil, complejo y resbaladizo camino en busca respuestas a las preguntas fundamentales por lo humano, observando sus conductas complejas. Lo marcaron con singular destreza Cajal, Broca, Wernicke y Gall, auténticos pioneros, seguidos por una pléyade de otros brillantes científicos aunados a filósofos. Darwin, Damasio, Dennett, Gazzaniga, Ramachandran, Sacks, Solms, Kahneman, Eccles, Sherrington, Pribram, Sperry. En Argentina, Jakob, Pío del Río Ortega —discípulo de Cajal—, mantuvieron esa fecunda tradición ampliada a otros ámbitos en que dejan su huella fecunda Eduardo De Robertis, Carlos J. Gómez, Jorge Affanni, Emilio Levin, Juan Carlos Goldar, M. Polak, Raúl Carrea, Tomás Mascitti y Juan Azcoaga, a quienes cito quizás sesgadamente no solo por sus méritos, sino además por haber tenido la suerte de tratarlos personalmente.

En términos generales todos siguieron un derrotero que iba desde la clínica neuropsiquiatrica y neuroquirúrgica a la anatomía patológica y de allí a la neurofisiología, la neuroquímica y la microscopía electrónica coronando en los años setenta con las neuroimágenes. Sostuvieron un circuito de retroalimentación permanente. Las neuroimágenes enriquecieron y validaron muchos de los hallazgos, lo que reconoce la magnitud de su talento y laboriosidad.

No obstante, se debe ser cuidadoso con los resultados para no caer en el extremismo de la confianza absoluta en la ciencia y la tecnología y pasar de ese modo al otro extremismo, el de la fe religiosa. Así lo hacen por ejemplo Agathe Cortes y Bernardo Pérez en un artículo periodístico titulado "Así funciona el cerebro ante una obra abstracta", comentando un estudio que señala la existencia de procesos de percepción comunes a todos los observadores. En los casos observados la corteza cerebral se activa primero en la parte emocional y después en la parte cognitiva. Me parece un título demasiado asertivo, ya que los términos corteza cerebral, partes cognitiva y emocional, común a todos los observadores, son imprecisos por reduccionistas y demasiado abarcativos al mismo tiempo. Es posible y probable que por ser un artículo periodístico no refleje la veracidad y consistencia de los hallazgos, sino la sorpresa y el sesgo personal de los divulgadores. Estas investigaciones con sus resultados e interpretaciones, son intentos de explicar algo tan variable y complejo como la toma de decisiones, la voluntad y el libre albedrío, junto a otros tantos aspectos reveladores de la singularidad del fenómeno humano. La asertividad sin sustento firme y preciso con que las presentan, corre el riesgo de terminar siendo un ejemplo más de la *moderna frenología*.

Como nota curiosa y risueña, el periodista Antonio Magan escribe un artículo en la prensa española sobre Oliva Sabuco de Nantes Barrera, hija de un boticario que en 1587 publica "Nueva Filosofía". Allí entre otras cosas afirma que el órgano que fabrica nuestros sentimientos y emociones es el cerebro y no el corazón. El articulista jocosamente dice que Oliva lo hizo antes que la neurociencia fuera "la hostia en verso" y Eduard Punset, divulgador de la ciencia, una estrella de TV.

A pesar del tiempo y notable talento invertido, lo ignorado sigue siendo más que lo sabido. Si las controversias abundan significa que muchos creen haber llegado a la meta, pero otros con iguales argumentos no lo consideran así.

Julio Moreno, casi en una contradicción, llama error de la biología a aquello que consideramos *el* éxito evolutivo, *lo humano*. No niega la biología ni la absolutiza, escapando de ese modo a un reduccionismo eliminativo o a un dualismo que no añade. Destacable postura porque el error al que alude no significa otra cosa que el escape, la desobediencia al mecanicismo y determinismo rígidos de la biología. *Acertamos, pero también erramos. Podemos elegir y corregir, decidir y a veces aprender. El error bien digerido y administrado puede ser la puerta del suceso, del logro.* Por ese "escape" del mecanicismo biológico somos individuos únicos e irrepetibles. De alguna manera creo que Moreno merece un cigarro.

Hasta aquí las reflexiones han versado sobre eso que he llamado las herramientas y la brújula, que son parte del ser humano, maravilloso diseñador y usuario de las mismas en su vivir existiendo y trascendiendo.

Cabe entonces hacerlo ahora sobre los temas que han motivado ser tratados en particular: ética y estética.

Ética y estética, como otras tantas palabras, representan conocimientos, conceptos y conductas. Su esencia y origen parecen quedar al alcance de la mano cuando esta es guiada por la ciencia en general

y por la neurociencia en particular. Vale la pena entonces aventurarse
por ese camino.

Pensar es tan importante como respirar. Ambas cosas se dan natu-
ralmente, sin proponérselo. Sin embargo se suele hacer una valoración
diferente de ambas capacidades. No hay elección posible entre respirar o no hacerlo, literalmente nos va la vida. En cambio podemos o no
pensar, podemos simplemente dejarnos llevar por automatismos, información y conocimientos acríticamente incorporados, o por el contrario
ser capaces de erigirnos en conductores y ejercitar lo más valioso que
poseemos, la *libertad/posibilidad* de optar, elegir, decidir, ejecutar, guiar
y conducir. Esta última palabra lo resume todo, de ella deriva conducta.
La elección es sabia cuando precisamente es responsablemente guiada
por la emergencia de un pensar rico y fluido, fruto de experiencias y
aprendizajes calificados.

La posibilidad de ser dueños de nuestras acciones requiere en forma
concomitante hacernos responsables de los resultados de las mismas.
Libertad y responsabilidad forman una dupla fundamental de recipro-
cidad no siempre asumida y respetada, que radica en la mente y su basamento biológico.

Privilegiar el respirar aludiendo a la biología y su mecanicismo implícito, puede llevar a caer en la simplificación del determinismo reduccionista argumentando que sin respiración no hay vida y sin vida
no hay pensamiento. Verdad de Perogrullo que desestima la evolución
con su historia cultural que ha dado a luz un pensamiento cada vez más
complejo, difícil de encasillar en una mente aferrada a ese determinismo
biológico; sin embargo es la mente la que puede ayudarnos a respirar,
vivir y sobrevivir, determinando incluso las características de nuestra
existencia. Es una tarea repartida, complementaria o suplementaria,
cuyo logro es más que simplemente estar o seguir vivos. ¿Por qué no
aceptar que pensar es tan esencial como respirar?

Eliminar un término en esta ecuación pensar/respirar, negando la
existencia de inasibles como son nuestros pensamientos, precisamente
por no pensar acerca de ellos, puede tener consecuencias tan fatales
como no respirar, con el agravante que pensar es una opción y no po-

demos declararnos inocentes de las elecciones ni de los resultados adversos.

Sabemos que la respiración está destinada a proporcionarnos oxígeno, componente vital y desembarazarnos de anhídrido carbónico. Es tan importante la actividad muscular apropiada responsable de inhalar y exhalar posibilitando acceder a los gases vitales presentes en la naturaleza, como lo es pensar moviendo, ensamblando, procesando otros componentes de la naturaleza como son las formas de energía que llegan a nuestros sentidos. Esto es igualmente vital, ya que nuestra integración con el entorno depende de la precisión y riqueza con que lo registramos, procesamos y finalmente percibimos, conocemos, reconocemos y accionamos en consecuencia.

Son las percepciones, parte de nuestra actividad mental, las que nos mantienen informados en forma diferenciada de lo que está ahí afuera y aquí adentro; de lo que nos es propio y de lo ajeno, lo que tiene valor o lo que nos es indiferente. De su ensamble surgen nuestra identidad e individualidad. Por la cantidad y calidad de los sensores y del procesador con que estamos dotados, sabemos qué hay y qué sucede en ambos lugares. Notable analogía con el respirar por su mecanismo y su valor.

En ese juego recursivo de sensaciones y percepciones, en esa interface exterior e interior, construimos la realidad y entramos en problemas al dudar si lo que sabemos de ella es una copia fiel de lo que realmente existe, si es la "realidad real", valga la redundancia, o una reproducción más o menos veraz. Percibimos el mundo e interactuamos con él según nuestra capacidad de percibirlo y percibirnos. Lo hacemos pensándolo para finalmente decidir y actuar dentro del gran bucle por el que nuestras decisiones y acciones pasan e a ser nuevas percepciones en forma constante, inmediata e inacabable. Funcionamos y existimos de este modo.

Hay un punto de encuentro entre estos mundos del respirar y el pensar. Se da cuando los sensores determinan el ritmo respiratorio según los niveles de gases existentes en el interior (sangre), en el exterior (aire) y también cuando actuamos (lo que hacemos) en función de lo que sucede en el mundo percibido afuera (lo que sucede) y en el otro mundo, el interior (lo que nos pasa). Damasio apunta a este encastre cuando habla del marcador somático; *"sentir lo que sucede"*, dice. Lo percibido como sucediendo en cualquier ámbito, acompañado por lo sentido y percibido en el cuerpo. Veo o vivo una situación de peligro y los latidos se aceleran, la presión arterial sube, los pelos se erizan, la descarga de adrenalina aumenta, Siento, pienso, actúo y digo/me digo: estoy asustado, tengo miedo, me alejo.

Puede sorprender darse cuenta que cosas en apariencia tan diferentes y alejadas, terminen siendo acciones asociadas y dependientes del mismo generador/procesador. Sirva entonces esto como una muestra sugerente que ayude a estudiar el hombre y sus conductas. Si bien en su base puede haber un mecanismo biológico ineludible, el procesamiento en niveles de complejidad creciente produce un intangible que emerge y debe ser reconocido y estudiado, no excluido.

Los abordajes *"bottom up"* y *"top down"* son los caminos a seguir. El primero señala las condiciones materiales de posibilidad para las conductas complejas señaladas por el segundo como objetivo a estudiar y de las que solo podemos formular una sucesión de interrogantes que se consolidan parcialmente en hipótesis y teorías en el encuentro de ambos senderos.

Al aumentar la complejidad aparece lo abstracto, algo que alude a lo existente sin existir materialmente, pero con lo que podemos pensar alejándonos de la realidad material que tomamos por verdadera. Yacen en un extremo la biología y su estrella, las neuronas, en el otro, bajo el paraguas de las humanidades, la Psicología y sus modelos de aparato psíquico. Van uno en busca del otro y pareciera que su empalme es difícil sino imposible, pero como suele decir filosóficamente Santiago Kovadloff: *"es necesario, imprescindible"*.

Con la mirada y el razonamiento del constructivismo podemos decir que estamos ante un objeto único con dos aspectos. El esfuerzo por considerar uno solo como suficiente, hace que lo pongamos en el centro y releguemos el otro a la periferia. Así lo desvalorizamos e incluso ignoramos. Podemos terminar por creer que sólo existe un aspecto. Biologistas *versus* psicologistas , una vez más pecando de reiterativo *"that is the question"*, como decía acertadamente Hamlet haciéndose la pregunta crucial. Vamos rondando la *causalidad* y sus condiciones de necesario y/o suficiente.

Un aspecto más de esta asociación comparativa entre los procesos de respirar y pensar, elegido por su potencial docente, parte de saber que ambos procesos se sustentan en memorias con las que se han ido construyendo adaptaciones en ambos extremos. Los sujetos en los Andes tienen desarrollada evolutivamente una capacidad biológica aumentada para el transporte de oxígeno en sangre. Los del llano pueden competir con ellos diseñando tubos y mascarillas de oxígeno o mascando hojas de coca. Son surgidas de pensar, investigar y crear, sustitutos evolutivos de otro tipo para adaptarse a una variante biológica del medio. Ejemplo interesante además para mostrar el valor clave e insustituible de las memorias maleables, que plasticidad mediante sostienen los aprendizajes determinantes de adaptaciones y evolución, incluyendo una moral y ética que los guía y que en uno de los tantos bucles lo hace incluso con su propio creador, que puede desobedecerla, modificarla, adaptarla y también estudiarla.

El concepto de libertad llevado al extremo, libertad para *adaptarse y evolucionar*, ¿es posible y en qué ámbitos? Ni un sí ni un no. Entonces es *según*. Por ejemplo: podemos elegir no deforestar o hacerlo, pero la posibilidad varía si tenemos bosques inmensos, necesitamos madera o carecemos de tierras de cultivo. Así la libertad se da en grados, cosa que nos enseñaron los matemáticos jugando con las estadísticas. Estamos en cierta posición dentro de ciertos límites. Podemos cambiar, oscilar, incluso hasta el punto de no retorno. Si lo atravesamos, el cambio nos aleja irreversiblemente del estado anterior, pasando a otro estado con diferentes grados de libertad. Los grados de libertad no son equivalentes a valores relativos. Lo relativo tiene más que ver con la probabilidad y el cotejo de valores diferentes en una escala que puede ser cambiada selectiva, arbitraria o aleatoriamente por quien observa y evalúa. No es lo mismo tener hambre que apetito, necesitar calorías que elegir entre asado o sushi.

La libertad como bien valioso ha preocupado desde biólogos a filósofos pasando por religiosos y juristas. Pomposamente se habla de li-

bre albedrío. Nada está claro en este tema. Como diría Borges, "las afir-
maciones categóricas no son caminos de convicción sino de polémica".
Este largo periplo alrededor de lo vital del respirar y pensar, la biología y la psicología y finalmente la posibilidad de elegir y la libertad para
hacerlo, ha sido deliberado para llegar a una pregunta fundamental: qué
nos guía en ese derrotero, que si bien está enraizado en la biología y en
la psicología, parece tener algo propio como una ley o regla que regula
el accionar de los humanos individualmente y en sociedad. Es aquello
que permite o al menos intenta garantizar la vida, regularla, asegurar su
calidad y la supervivencia de la especie a un nivel muy elaborado y complejo. Un fenómeno claramente humano, exclusivo por su importancia
y calidad. Estamos hablando de moral y ética, pero también de estética
a la que vinculo provisoriamente con un tipo especial de recompensa
como es el placer de generar placer por sí mismo. Se emparentan en la
idea que *lo bueno es bello.*

Ya hemos visto en las definiciones a qué nos referimos. Estas reflexiones ahondan en la toma de decisiones en relación con la vida y
la libertad tanto en el sujeto que las toma como en el que las obedece;
ambos pueden vivir las consecuencias, sean estas iguales, diferentes,
buenas o malas. Finalmente aparece la idea de la responsabilidad y la
noción del bien versus el mal como formas optativas de conducta que
todos poseemos, pero que no son rígidas ni absolutas; dependen de nosotros mismos según nuestras circunstancias, historia y cultura. ¿Cómo
valorar entonces y distinguir claramente bueno de malo, bien de mal,
junto a qué es lo que nos mueve en uno u otro sentido? Asoma el niño
preguntón y nos deja cavilando y sin respuesta a su ¿cómo es que lo
hace?

Ryle considera a estos interrogantes un problema espurio. Señala
que solo analizamos si la acción de alguien fue voluntaria o no, cuando
se trata de una acción reprochable. Problema de sesgo que conduce a
la idea de una psiquis moral heterogénea, atravesada por espejismos
morales.

Descartes es duro e incisivo cuando pregunta: **si sabemos** que a veces cometemos errores, ¿por qué **no** nos preocupa la posibilidad que los
cometamos todo el tiempo? El punto sería diferenciar entre la provoca-

ción de un acontecimiento o permitir que el mismo ocurra. Un intento de respuesta que no salda totalmente esta pregunta, ha sido elaborado experimentalmente desde la psicología. Es el dilema del tranvía y sus variantes, situación de toma de decisiones de laboratorio que difícilmente puede igualar las urgencias de la vida real, menos aún lo aleatorio. Solo muestra que en tanto haya más peso afectivo vinculado al compromiso ético, la decisión se hace más difícil y conflictiva. No es lo mismo dejar morir que matar, aunque la decisión sea evitar más muertes (en este modelo). No obstante es un intento interesante, que al menos, abre el camino y permite observar el peso de las variables y sus consecuencias en la toma de decisiones.

Algo semejante a lo que podemos encontrar analizando el nudo gordiano. La tradición-leyenda decía que con él se habían atado la lanza y el yugo de un carro ofrendado a los dioses, siendo imposible desatarlo. Alejandro Magno ante el desafío, lo corta con su espada. Una tormenta desatada en ese momento fue interpretada como el beneplácito del dios Zeus, que en premio posibilita el avance de sus conquistas. Lo interesante es que frente a un desafío complejo decidió por una alternativa radical que expresó como "da lo mismo cortar que desatar" ya que el resultado en ambos casos sería liberar el carro de esa atadura. Esta historia, sea cierta o no, es un ejemplo interesante de conductas humanas interpretables de forma variable según los cánones de la cultura vigente en una época. En la época de Alejandro los dioses eran considerados los rectores de las conductas de los hombres, el pensamiento religioso era dominante y por lo tanto la ética rectora era fijada por ellos y comunicada a través de sus intérpretes. Señalan el bien y el mal y aparecen diversos premios y castigos. La culpa va surgiendo como forma de control. Castigo, arrepentimiento y perdón van en la misma dirección y hoy a partir de la vigencia del pensamiento científico todo es reinterpretado. Decimos que esa fue una manera de resolver un problema complejo, una toma de decisión basada en un modo de pensar llamado *"pensamiento lateral"*, es decir, apartándose de alguna regla preexistente; también podríamos tomarla como ejemplo de una función del cerebro ejecutivo o de conducta inteligente. Otro aspecto interesante para destacar, es como los humanos ante la realidad percibida, la interpretan y asocian sus elementos atribuyéndole relaciones causales verificables (ciencia) a veces, o imaginadas (religión) otras tantas. No debemos dejar de incluir el azar entre las posibilidades causales, cada vez más acotado por el *big data* y la IA. Borges, junto a la idea del infinito, lo atribuía a la ignorancia más radical por ser conceptos inabarcables según su criterio. La invocación a los dioses señala además el fondo ético de premio o castigo. Como toda interpretación *a posteriori*, es maleable y puede ser usada para justificar todo tipo de hechos adaptándolos a una ética particular de un grupo social en un momento determinado. Así existen reglas y leyes de todo tipo intentando regular los vínculos de los hombres en sociedad. Este rodeo en que me he deslizado, sirve para mostrar como el ser humano (su cerebro) busca conocer, para saber y así poder explicar coherentemente y sin ambigüedades *lo que sucede y lo que **le** sucede en su existir*. Peregrina de justificación en justificación en ese juego causa-efecto, sujeto-objeto y sus determinantes. Ya hemos conocido algunas de las grandes preguntas, que a semejanza de los nudos gordianos, por su dificultad y complejidad, tientan a usar respuestas/soluciones radicales, "*tajantes*", como las del reduccionismo extremo, el mecanicismo puro, el biologicismo o su contracara el psicologicismo y una larga lista de "ismos" que se incrementa exponencialmente. La escala de valores que guían las conductas son a tener en cuenta al analizarlas, por permitir o impedir una acción necesaria e inevitable; de allí las razones para estudiar precisamente los valores fundamento de la moral y le ética. El uso de "la espada" para decidir conductas humanas complejas, en el fondo no es bueno, ya que "no da lo mismo" deshacer y corregir que cortar/destruir para poder avanzar. En las ciencias intentamos resolver problemas complejos o tomar decisiones difíciles teniendo en cuenta el grado de incertidumbre con respecto al resultado y las leyes y reglas del método empleado o a emplear. Nos conformamos con posibilidades y probabilidades. Son aproximaciones consuelo frente a las certezas absolutas, que por otro lado no son aplicables a los valores morales y éticos ni a las conductas del hombre en general. El futuro pasa a ser un interrogante con un riesgo tolerable. Causa, efecto, razonamiento, cálculo, incertidumbre, experiencia, aprendizaje, decisión, consecuencia, todo resumido en la acción de Alejandro Magno frente al nudo gordiano.

Estimo es un buen ejemplo de lo que podríamos llamar base o punto de partida del razonamiento frente a situaciones complejas con alto grado de incertidumbre. No lo es tanto desde el punto de vista de la acción excepto en situaciones de riesgo que requieren respuestas inmediatas. Decidir cuáles lo son y ajustar el razonamiento y la respuesta son el nodo de la cuestión. Problemática presente y que se mantiene desde el llamado gran salto hace 40.000 años, aunque modestamente debemos admitir que no sabemos cómo era antes de ese Acontecimiento.

Retomando el experimento llamado "del tranvía o del tren", hay un punto que deseo señalar y es el interés en estudiar los mecanismos que poseemos como humanos para la toma de decisiones. No casualmente sucede en el momento en que se acunan los nuevos conceptos de funciones ejecutivas, neuronas en espejo y la idea del lóbulo frontal como director de la orquesta cerebral. Hay bastantes evidencias a favor y también objeciones a esta idea.

Existen muchos ejemplos en que una conducta puede interpretarse con o sin una justificación biológica primaria. Uno que rescaté con fines docentes hace algún tiempo, fue el de Pavlov y sus perros a los que condicionaba para obtener alimento respondiendo a la presentación de una figura geométrica determinada. Si señalaban un círculo, recibían la recompensa (alimento), si por el contrario señalaban un cuadrado eran castigados (descarga eléctrica). Todo iba bien hasta que usaron figuras progresivamente intermedias, de modo que en un punto mostraban un polígono de varios lados, muy aproximado a un círculo, pero sutilmente diferente al modelo con recompensa. En ese caso el perro tenia convulsiones ante la imposibilidad de elegir debido a la ambigüedad de la figura. La memoria del animal había generado expectativas de recompensa o castigo según el estímulo; un aprendizaje que lo guiaba y así se conducía logrando el beneficio y evitando el dolor. Correcto/incorrecto, bien /mal, premio/castigo. Ante la ambigüedad entraba en crisis por no poder decidir. ¿Moral del animal? ¿Moral del investigador induciendo y conflictuando al sujeto de experimentación en pos de saber qué subyace a una elección? ¿Ética de la ciencia? Quizás demasiadas preguntas conducentes cada una a un proceso particular de análisis, comprensión e intento de respuesta posible.

Mirando a este experimento pavloviano desde el ámbito de las neurociencias, es posible avanzar aceptando la idea que el cerebro *no tolera la ambigüedad, es buscador, creador de coherencias, certezas y también sede de expectativas y aprendizajes.* La sobrecarga del procesamiento y el fenómeno de *reclutamiento,* con el compromiso creciente de más grupos neuronales, al no hallar rápidamente una *respuesta-descarga* satisfactoria, dispara un verdadero caos y descontrol manifestado como convulsiones, una descarga masiva, descontrolada e inútil, mecanismo estudiado y considerado subyacente en algunas epilepsias.

El perro y Pavlov tenían ambos sus respectivos cerebros, no obstante diremos que Pavlov usó su mente. La *mente de Pavlov pensó, funcionó,* para diseñar el experimento e interpretar el resultado. No nos será fácil decir rotundamente *el cerebro de Pavlov lo hizo,* aunque tampoco lo excluiremos. En cambio no dudamos en decir que la ambigüedad afectó *el cerebro del perro* y determinó allí sus consecuencias. Ignoramos si el perro tiene una mente y por lo tanto si piensa, razona y decide, en analogía a lo que hacemos los humanos. Algunos sospechan que sí, pero introducen otros términos para diferenciarla y señalar sus limitaciones: *inteligencia animal,* conductas reflejas, instintos, que son aquellos atributos que utilizan para percibir y actúan en su universo particular al que están adaptados merced a su cerebro, como señala Von Uexküll. Estos atributos son compartidos con nosotros, ese otro animal tan particular que les añade complejidad, ese plus del pensar que coloca al perro como objeto experimental y al humano como sujeto investigador. Aunque con cautela, hasta este punto parece convincente quedarnos investigando al cerebro como generador de aprendizajes basados en expectativas, que serían las memorias predictivas del futuro. Por ellas el perro coteja y decide pero siempre en presencia del estímulo concreto. Le sería imposible transmitir a sus cachorros su experiencia en circunstancias diferentes. No puede enseñar a prever en ausencia del objeto estímulo concreto. No posee un lenguaje para abstraer y luego transferir esa abstracción; sí puede enseñar a que lo imiten en iguales circunstancias. Esto ejemplifica la diferencia entre especies. Frans de Waal en una interesante reversión plantea la duda si los humanos tenemos suficiente *inteligencia* para entender la inteligencia de los animales.

Puesto así, elegir entre diferentes estímulos bajo diferentes circunstancias, muestra en que consiste cualquier toma de decisiones que ahora llamamos funciones ejecutivas y ubicamos predominantemente en el lóbulo frontal. ¿Estará allí la Ética? Siempre hay un aguafiestas, en este caso fueron algunos psiquiatras que se preguntaron si algo parecido no sucedía en las neurosis, especialmente en la histeria, donde los pacientes al igual que los perros, parecían tener crisis sin una causa biológica demostrable. Sigmund Freud avanzó en este tema y junto con Bleuler lograban hacer aparecer y desaparecer los síntomas mediante la hipnosis. Freud a partir esa y otras experiencias postula un modelo de aparato psíquico con un campo o sector inconsciente en el que presume y deduce, radica la génesis del síntoma como un conflicto entre contenidos que pugnan por salir y manifestarse, pero son impedidos de hacerlo por una barrera que llama represión. Con alguna ligereza se puede decir algo parecido a lo que le sucedía al pobre perro de Pavlov. En todo caso aparece un síntoma sustitutivo de la respuesta apropiada, la que es imposible de producir por la incoherencia insoluble del estímulo. La solución consciente no se produce y el inconsciente sí lo hace como puede, diríamos sin medir las consecuencias. Paradojalmente la respuesta aunque inapropiada, silencia la presencia de la incoherencia, restablece un equilibrio, que aunque inapropiado trae cierta calma. ¿Pecado, arrepentimiento, castigo, penitencia?

Debo señalar que convulsiones y epilepsia no son lo mismo, aunque aluden a una descarga descontrolada de grupos neuronales con variantes entre circunscriptas o generalizadas. Algunas crisis son gatilladas por situaciones muy cargadas emocionalmente en sentido amplio, e inclusive pueden ser autoinducidas. Forman un grupo peculiar de diagnóstico y tratamiento dificultoso, que requiere un abordaje interdisciplinario combinando la neuropsiquiatría y la psicología. Vale la pena detenerse en ellas, pues algunos investigadores han detectado en un número importante de casos rasgos de personalidad peculiares como *hipergrafía, religiosidad*, **hipermoralismo** junto a una historia con algún claro evento traumático de tipo psicológico. Lo interesante para detenerse en este punto, es que proporcionan algunas evidencias sugestivas a favor de la relación de ida y vuelta entre conductas complejas, biología, cerebro, medio social, cultura, historia personal y lo inconsciente. Freud magistralmente sintetizó esta situación en las series complementarias. Estos casos, metafóricamente juegan con la existencia de alguna incoherencia, parte de un conflicto real o imaginado, actual o pasado, moral y/o ético tipo bien/mal, pecado/castigo.

Existen planteos extremos a partir de preguntarse si elegimos o somos elegidos, construimos nuestro destino o estamos predestinados. ¿Qué o quién nos guía? ¿Culpables o víctimas? Adán, Eva y la manzana empezaron y hoy la IA y el *big data* con su publicidad dirigida y control de los usuarios, confirman esta incertidumbre. Vale pues plantearse entonces el estudio de ética y moral como el estudio de las reglas de juego para la toma de decisiones, situando a la libertad como punto de partida. Es inevitable tropezar con la existencia de opciones cuyo número y determinantes las condicionan y otorgan relevancia frente al sujeto que debe optar. El número es tan importante como qué o quién lo determina. Algunas son inelásticas como las que plantea la naturaleza con sus leyes, cuyo creador desconocemos; otras son manipulables, puestas por hombres según intereses, tiempos y circunstancias. La manipulación se puede dar en ambos componentes de esa díada. *Libertad y libre albedrío* son puestos en tela de juicio al menos como entidades bien definidas y verificables. Entonces, moral y ética nos vienen ya configuradas como constituyentes de lo humano a través de un proceso evolutivo, o las configuramos constantemente al andar según las circunstancias.

Albert Camus al igual que J. Popper, advertía acerca de los peligros que encierra para la libertad la pretensión de desconocer la distinción entre lo verdadero y lo falso, lo bueno y lo malo. Camus también acerca agua a mi molino cuando expresa que el ser humano *no es un sujeto geográfico temporal* que simplemente está aquí o allí en tal o cual momento de su existencia. Lo realmente relevante no lo es desde una perspectiva anátomo-fisiológica, sino desde la *perspectiva meta-animal*, o si se quiere, *metafísica*. Estimo es una postura cercana a la del filósofo Luis Jorge Jalfen, cuando en su curso nos sugería no antropologizar frente a nuestras divagaciones sobre el universo o la realidad.

El relativismo plantea como manera de esquivar el desafío de optar, hacerlo eligiendo la opción de lo "políticamente correcto". James Barber comenta sobre el mismo tema refiriéndose a la polémica entre Jacques Derrida del lado del deconstructivismo y Guy Sorman y Umberto Eco en el opuesto.

Seguimos en un camino o mejor dicho navegamos en un río con sus afluentes en el que, si bien nos apoyamos astutamente en una barca, el agua que nos sostiene y lleva, por cambiante, nunca nos es definitivamente conocida. Algo mejor nos va mirando a las orillas, que también nos engañan con su aparente permanencia mientras ocultan el interior por explorar y disimulan su lentas transformaciones. Seguimos en el derrotero y hemos recalado en el paraje de la ética. Veamos qué más podemos hallar en él observando lo que otros exploradores nos señalan y recomiendan, material imprescindible para enriquecer y mejorar estas reflexiones.

Hans Jonas pone una peculiar mirada sobre lo humano y la ética en *El principio de responsabilidad*. La frase clave es "obra de tal modo que los efectos de tu acción sean compatibles con la permanencia de una vida humana auténtica en la tierra". En otro recodo Isaac Asimov alude a la inteligencia y dice que todos lo somos, solo que para cosas distintas y Albert Einsten lo dice de una manera diferente: todos somos ignorantes, solo que en temas distintos. En una reflexión, supongo posterior, el mismo Einstein es más tajante y se refiere a la *estupidez humana como infinita*, entre tantas otras cosas por el mal uso de sus descubrimientos. Se sintió culpable por haber posibilitado el mal, ejecutado como acción guiada por quienes se arrogaban una *ética del bien común* para castigar a quienes atribuían precisamente lo opuesto. Interesante postura pues en realidad era inocente por su descubrimiento pero no por su implementación con un fin no previsto, pero dudosamente justificable. Sin quererlo cayeron él y otros en el mismo dilema que años después se investigó como el *dilema del tranvía* y sus variantes. Quizás al referirse a la estupidez humana reflexionaba sobre la dudosa capacidad de pensar para decidir qué y con qué intenciones. Moral y ética en juego, no solamente inteligencia o sabiduría. Por otra parte, el conflicto, el dilema tanto en el caso del tranvía como en el del perro, tienen que ver con memorias que en última instancia pertenecen o dan lugar al mundo inconsciente de las ideas, de lo intangible, de lo frecuentemente irracional, tanto como al pensamiento racional e inteligente. Difieren en su disponibilidad y uso, por eso se producen esas respuestas a situaciones dilemáticas, que por su urgencia surgen de automatismos o procesamientos inconscientes en vez de elaboraciones conscientes, que requieren tiempo, trabajo y esfuerzo. Si todas pasaran a la conciencia cabría la posibilidad que, lenguaje mediante, se tratara de hallar otro tipo de soluciones aunque a riesgo de ser tardías o quedar atrapado en el exceso de contenido, una especie de "Funes el memorioso". Quizás el perro ladraría o el sujeto experimental se rebelaría, gritaría advirtiendo lo arbitrario del experimento o evitaría colocarse en esa situación. Un paso adelante, pero *close but not cigar.*

Un experimento a mi juicio con ciertos rasgos de perversidad, consistió en reclutar sujetos que por una paga debían accionar el control regulador de la intensidad del dolor supuestamente producido a una persona desconocida, que no veían, pero si podían oír sus quejidos. La orden/instrucción era que debían incrementar la intensidad constantemente hasta llegar al máximo indicado en un dial. En realidad no se producía dolor a nadie, sino que los quejidos eran simulados por un sujeto ubicado en otro lugar que los producía según los valores indicados en el dial a los que tenía acceso. El dato a obtener era medir hasta que valores del dial se respetaba la orden de producir e incrementar el dolor. La distribución observada mostró una mayoría que paraba en cierto nivel, otros que se enojaban al llegar a cierto nivel y se rebelaban resistiendo la orden y también algunos que persistían sin ser aparentemente influenciados por los quejidos, llegando al nivel más alto. En el fondo el resultado plantea otro dilema tratando de interpretar y explicar las respuestas dispersas en una curva, suponiéndola representativa de la variedad humana a la que estudiamos tratándola a veces como muestra homogénea y confiando que los números y las estadísticas la representan, lo que no es siempre ni necesariamente así. Lo grave de este dilema es que alude directamente a la moral y la ética en decisiones que han permitido torturas, guerras y holocaustos, a la par de sus intentos justificativos y sus condenas. Lo preocupante de este experimento es que solo describe y cuantifica una modalidad de conducta, pero no dice mucho de las razones, los mecanismos por los que se aceptó la tarea, los límites individuales a cumplir una orden tan agresiva ni tampoco revela la intimidad de los razonamientos de los investigadores al proponer este tipo de pruebas. Es interesante analizarlo en su totalidad y pensarlo con serias dudas en tanto que dada la artificialidad de la situación no está claro ni es seguro que añada algo importante al estudio de la toma de decisiones y el peso de la moral y la ética en ello. Tampoco a portan al conocimiento de los aprendizajes que pueden llevar a este tipo de actitudes o al desarrollo de *marcos éticos y conductas morales* que las eviten. La compleja tarea de intentar evaluar, conocer, explicar y actuar frente a conductas humanas que desafían la idea de libertad de elección y clara conciencia del bien y el mal, requiere mucho pensar y hacerlo de la forma más abierta posible, tanto para analizar los experimentos naturales que nos proporciona la historia, como para diseñar los nuevos con fines parecidos.

Freud, quien era neurólogo, nunca se apartó de pensar en esos términos. Por eso, entre otros escritos seminales está una obra póstuma, el poco divulgado "Proyecto de una psicología para neurólogos". Se publica en 1953, catorce años después de su muerte. Visto a la luz de los nuevos conocimientos hay autores como Karl H. Pribram que lo "revisitan" y revalidan su esencia. Creo deja esa obra inconclusa y en su momento toma otros senderos, pues Cajal y Darwin, los más cercanos para ayudarlo con sus descubrimientos e ideas, no aportaban lo suficiente como para dar el gran salto. Esta puede ser una interpretación muy personal mía y sesgada por mi recorrido. No pretendo ser su exégeta pero creo que los extremismos hacen que se olvide este aspecto "neurológico". Los psicoanalistas y muchas corrientes de la psicología detestan hablar del cerebro y en el otro bando califican a psicólogos, psicoanalistas y algunas corrientes de la psiquiatría como especuladores sin fundamento. Mario Bunge era un duro defensor de esta última postura. Me atrevo a opinar que aún en un tema elusivo como la Ética podemos decir conciliadoramente: *cerebro sí, pero no solo cerebro.* El conflicto radica en identificar, evaluar, conocer a fondo lo que se esconde en el *no solo.* Nuestro mundo moral es tan causado como creado y sus brisas arrastran tanto la voz de las explicaciones naturalistas como las de las razones filosóficas. El libre albedrío implica a su vez la relación entre determinismo y evaluación moral. Aparecen los compatibilistas y los incompatibilistas en función de los afectos presentes y determinantes en los diferentes escenarios. Tal vez sea una manera que nos ayude a mirar el experimento de producir dolor. No sorprende entonces que Stuart Mill menciona *el principio del daño*.

Schopenhauer dentro del consecuencialismo refiere a la compasión como la base de la moral. Resulta en los deberes de la justicia y la filantropía. ¿Habrán pensado en esto Pavlov, Einstein, Heisemberg, la pléyade de militares, diseñadores y traficantes de armas, incluso los investigadores planteando crueles dilemas? Podría añadir una larga lista.

Cierro esta parte con Borges conocido por ser agnóstico, escéptico y considerado maestro de la sospecha. Con respecto al libre albedrío dice: "El hombre no tiene entidad por fuera de las relaciones causa efecto. Está determinado pero le resulta imposible conocer las causas de tal determinación".

Queda ahora recoger las redes en relación a la estética para pensar y reflexionar con esa pesca. Hay peces para todos los gustos. Ernst Gombrich dice "no existe realmente el Arte. Tan solo hay artistas".

Renoir consideraba la imaginación como un acto de arrogancia. Veía en la naturaleza tanto la forma compleja de la materia como la complejidad que ella encierra. Sospechaba que había algo más que lo tangible o al menos de lo visible.

Guillermo Roux, otro pintor, lo dice de otro modo: "Cuando pinto en la gama del verde, no despliego en el lienzo un color, sino el recuerdo de un color, o mejor su búsqueda imposible. Cuando trabajaba con el verde salía a capturar el color del pasto mojado tras la lluvia de los días de infancia. Estas percepciones son parte del diálogo sin mediaciones que nuestros sentidos entablan con las cosas". Agrega y resalto: *no se encuentran en la hiperconectividad.* Llamado de atención para el mundo de lo *virtual* contemporáneo.

Francis Bacon aludiendo a la creatividad, opinaba que antes de pintar, muchas cosas han pasado.

Gianni Vattimo, observando la ambigüedad artista/observador dice, "el arte es una verdadera experiencia y una experiencia verdadera". Es una experiencia transformadora que no deja exactamente igual a quien pasa por ella".

Julio Cortázar opinaba sobre su actividad, la literatura: "Un *oficio* estético-artístico de búsqueda de la perfección y la belleza". Alude a una tarea, un trabajo logrado a veces, otras abandonado o cambiado, siempre con una porción importante de tesón y esfuerzo.

Guimaräes Rosa, otro escritor poseedor de esa virtud y maestría, *el oficio*, como lo llama Cortázar, logra metaforizar añadiendo ese "algo más" que llega de forma particular a cada lector. Van dos ejemplos en que la palabra maravillosamente atrae, no solo por su contenido, su semántica, sino por la belleza con que lo expresa provocando nuestra peculiar atención un tanto irracional y rica en sensaciones: "La astucia que tienen ciertas cosas pasadas de balancearse, de cambiar de lugar", "Siempre fui un prófugo. Hasta que huí de la necesidad de la huida".

Nuestro querido Quino (Joaquín Lavado) cuenta en una entrevista, que la realidad, su realidad, iniciada en sus vivencias de todos los tiempos vividos, va surgiendo en su mente y lo pone en el lugar de los personajes que luego crea. Esos personajes finalmente son arquetípicos de una cultura en una época. Por ello su universalidad (Mafalda, Manolito, Guille, Felipe, Susanita, Papá y Mamá, el Citröen 2CV). Lo arquetípico es la manera en que reflexionan y viven y que Quino materializa en sus dibujos. Es interesante saber que su "página en blanco" no es la clásica de los escritores, sino el desafío de poder dibujar bien lo que se le va ocurriendo. Todo un entramado a nivel inconsciente, que interpretado desde *lo neuro*, se daría entre las sensopercepciones y las habilidades motrices aglutinados por ese imponderable que llamaría la idea, las intenciones y los sentimientos. Expresado de esta manera se cae en una fragmentación o reduccionismo de algo que se da fluidamente como un todo. Parece inevitable y muchas veces lo es, por lo tanto lo mejor que se puede hacer es reconocerlo y no excederse en ello. Siguiendo con Quino, confiesa que debe ensayar y realizar un aprendizaje hasta que la ejecución se estabiliza satisfactoriamente y allí comienza a liberar un nuevo personaje o escena a ser publicado. Sorprendentemente no se considera un buen dibujante. Conseguir lo que se propone, le demanda esfuerzo y un constante aprendizaje. Por el contrario, lo que fluye sin gran esfuerzo es su interpretación de las conductas humanas. Lo logra combinando el lenguaje en dos versiones: el gráfico y el hablado, pues los personajes hablan entre sí, monologan haciendo visibles sus pensamientos, de allí su universalidad y su arraigo como íconos de personalidades y épocas. Otros aspectos que considera y destaca son la línea, el contorno, como responsables de la magia de sus dibujos, y añade que el color es secundario, importante pero no esencial. Vamos sumando complejidad ya que abre la posibilidad de discutir la relación figura fondo y el color como posibilidad de expresarse en *"otro lenguaje"*.

Si miro a Mafalda por ejemplo, me sorprende ver cómo el lenguaje que ella expresa más allá de las palabras, logra conmover a muchos y variados observadores; entonces siento y razono que nuestro cerebro material se aleja y su producto imponderable, el mensaje, se agiganta. Un buen ejemplo del *exocerebro* o la *brainet*. Vaya tarea compleja que realiza el artista y también por los que intentan analizarla.

Por el lado de la música, Francisco Martínez González (citado por Dierssen Sotos) considera que "la creación musical es un proceso misterioso. Trabaja con una materia plástica, invisible, intangible; exige la reflexión y el cálculo en mayor medida que las otras artes para alcanzar una forma que solo se revela en su sucesivo acontecer y de la que nada queda una vez acabada la interpretación, salvo la imprecisa memoria del oyente o la estela de fluctuaciones de su ánimo".

Douglas R. Hofstadter promueve otras miradas y reflexiones utilizando las ideas del matemático y filósofo Kurt Gödel. Analiza la tarea de dos artistas Johann Sebastian Bach y M.C. Escher, con una mirada interesante y profunda, que ha desarrollado a partir del concepto de bucle utilizado por los programadores en informática. En el caso de Bach, el canon y sus copias permiten con su isomorfismo, que en un tema cada nota posea más de un sentido musical, manteniendo no obstante la información del tema original que puede ser recuperado a partir de cualquier copia. *El oído y el cerebro* del oyente dan con el sentido correcto teniendo en cuenta el contexto. El final de una parte de la ejecución es aparente, ya que enlaza con el comienzo y de ese modo puede repetirse hasta el infinito, pero también podría darse por terminada la ejecución allí. Lo llamaba *"Canon eternamente remontante"*.

Escher, por su parte, dibuja escaleras subiendo-bajando o manos dibujando manos. Los presenta en dos niveles explícitos: realidad, fantasía. El observador puede contemplar atrapado en una cadena de niveles; por ejemplo en las escaleras hacia arriba, de mayor realidad y hacia abajo, más imaginario. En realidad se contempla a sí mismo. Produce vértigo pues es un bucle en que se oscila inacabablemente entre ambos niveles. Si se sigue una mirada lineal, en un punto se retorna al punto de partida. Lo genial de Escher es haber creado varios mundos llenos de bucles mitad reales, mitad míticos.

Gödel señala que en los bucles puede percibirse el conflicto entre finito/infinito, verdad/ficción, verdadero/falso. Esto produce la sensación de paradoja. Aparece la idea del *bucle extraño* como ejemplificado en la paradoja de Epiménides o del mentiroso. Gödel los lleva a las matemáticas con el "Teorema de la incompletitud": toda formulación axiomática de teoría de los números incluye proposiciones indecibles.

No debe sorprender al lector, que estos autores y sus ideas hayan aportado a mis dudas y preocupaciones sobre el reduccionismo y las definiciones absolutas. Extendiendo su teorema a cualquier sistema axiomático Gödel demostró que, valga la redundancia, *la demostrabilidad es un concepto más endeble que la verdad*, independientemente del sistema axiomático de que se trate. La cinta de Möebius nos pone en una situación parecida.

Finalmente, agrego algunas líneas tomadas de artistas e intelectuales que añaden miradas diversas y son un buen incentivo para seguir buscando, reflexionando, tomado esto como un bucle del pensar.

René Magritte: Cada cosa que vemos, oculta otra.

Walter Benjamin: Ningún poema está dedicado al lector, ningún cuadro a quien lo contempla, ni sinfonía alguna a quien la escucha.

Gilles Deleuze habla del acto de pintar en sí mismo, como la catástrofe secreta que afecta al pintor. Catástrofe como desequilibrio que irrumpe y nos conmueve. Los colores son lo más interesantes, aparecen en el espacio y al mismo tiempo, pero no son en sí mismo ni espacio ni tiempo.

Turner pasa de ser pintor de catástrofes a ser movido por catástrofes.

Paul Cézanne: "Quisiera pintar el espacio y el tiempo para que devengan las formas de la sensibilidad de los colores, porque a veces imagino los colores como grandes entidades noumenales, ideas vivas, seres de razón pura".

Punto final a este ejercicio de reflexión, quizás un arbitrario juego de la razón que nos mantiene andando y haciendo camino como los príncipes de Serendep y como tantos sujetos curiosos a los que llamamos científicos, filósofos o simplemente, pero no menos importante, maestros.

CAPÍTULO VI
Conclusiones

Las diferencias son la garantía del parentesco en lo mismo.
Martin Heidegger

La vida imita al arte.
Oscar Wilde

E l título de este capítulo señala que, habiendo recorrido un camino con diversas estaciones, es inevitable el intento de tamizar y entrelazar lo andado para darle la necesaria coherencia. Puede parecer una exageración un tanto presumida anunciar su contenido como concluyente. En realidad no es así; de serlo, negaría el objetivo de este ensayo, que es precisamente abrir ventanas a la curiosidad siempre renovada y no dar por terminada una tarea que me precede y excede. Hipócrates decía que el arte es amplio, la vida es breve, las ocasiones son fugaces y la experiencia es falaz. Guía que desde muy temprano me ha servido de acicate, fuente de prudencia y desconfianza que la buena escuela convirtió en pensamiento crítico, a veces complejo. La aprendí en mi primer año de estudiante de Medicina; de aquellos vientos vienen estas tempestades, por eso así comienza este capítulo:

En una de las tantas fugaces, accidentales, afortunadas ocasiones, di con un programa de TV acerca de la vida del Tintoretto, famoso pintor veneciano que hizo del claro oscuro su virtud estética. Debido a mi atención un tanto dispersa, terminé sin saber claramente si la rivalidad con sus pares, en particular con Tiziano, culminó en un enredo por su honor resuelto a capa y espada. A la postre descubrí que a partir de esa atención borrosa sumada a ciertos recortes e información fragmentaria que poseía, se puso en marcha mi creatividad en un doble sentido. Retrospectivamente, el recuerdo fue un impulso creativo, pero prospectivamente, la duda hipocrática me llevó a buscar mejorar mi recuerdo por otros medios dando comienzo a un fértil periplo. Busqué en las redes datos sobre el Tintoretto, miré algunas de sus pinturas, recordé haberlas visto visitando museos en algún viaje por Europa y encontré un comentario de Virginia Woolf. Dice ella: "Hasta que no se ha visto al Tintoretto, no se sabe lo que la pintura es capaz de hacer". Sentí algo al verlas, pero no me atrevería a tamaña aseveración, que presumo surge de la exclusiva experiencia personal de la Woolf. ¿Es válido su juicio personal? ¿Pudo ella cotejar a Tintoretto con *todos* los pintores? Un juicio personal tendrá solo valor relativo hasta que se lo pueda certificar cotejándolo con otros y sumando coincidencias, cosa muchas veces, si no todas, imposible. Esto dio partida a una línea de pensamiento crítico vinculando mi atención fugaz sobre Tintoretto, el juicio estético de Virginia Wollf, y su frase tan personal, que atribuí al poco frecuente hábito del pensamiento con criterio estadístico. La moderna neurofisiología y la psicología cognitiva apuntan a valorizarlo y difundirlo por su relación con la incertidumbre, la toma de decisiones y las consecuencias.

Hay varios puntos para remarcar en la conducta así desencadenada a partir de ver un programa de TV, con la salvedad de mi sesgo profesional. En primer lugar, la importancia de la atención que puede llevar a cometer errores fragmentando o parcializando la entrada sensorial sin saberlo y por lo tanto haciéndonos caer en una de las tantas ilusiones con las que sobrevaloramos nuestras capacidades y funciones, como señalan los ya mencionados Christopher Chabris y Daniel Simons.

Podemos por ejemplo mirar sin ver u oír sin escuchar. La atención es la llave que abre la puerta, con la salvedad no menor de que hay una "mano" que la empuña y decide usarla en una puerta o en otra en particular. La "mano" puede o no ser siempre visible para su poseedor. En realidad, aquí he pasado de la atención a la conciencia. Todo estímulo sensorial llega al cerebro estemos atentos o no. De hecho muchos aprendizajes se hacen de esa manera. Les llamamos implícitos porque no podemos explicitarlos, es decir, dar cuenta de ellos en todas sus facetas. El *procesamiento ulterior* a partir de los receptores es lo que determina la permanencia variable en la memoria y es esa memoria/aprendizaje la que guiará, en nuevas ocasiones, nuestra atención consciente, sostenida e intencional. Hay estímulos que por su valor de novedad o importancia sorprenden y concitan en forma automática otra modalidad de atención, cuya duración dependerá del impacto .que produzcan, base de algunos actos reflejos. En esos casos la conciencia es *a posteriori*; nos coloca en la posición de observadores de lo que ha sucedido. También hay servo-mecanismos reguladores, donde aquello que podríamos llamar atención es un desequilibrio, que cual mensaje provoca una respuesta inmediata, inevitable y ajustada al estímulo, no siempre apropiada, aunque generalmente vital. Así de complejos somos.

Es interesante y necesario reconocer que aún esas entradas borrosas, no conscientes, al igual que las otras, configuran estímulos con posibilidades y probabilidad de ser canalizados en nuevas y sucesivas asociaciones para salir a la luz como diferentes conductas, entre ellas la creatividad. Esta tiene la particularidad de ser novedosa, original, tanto para el productor como para el observador. La calidad de la fuente de información hace al resultado tanto como la calidad y las posibilidades del procesador. Hete aquí que, poseedor de estos conocimientos, me convertí en sujeto y objeto de esto que se fue desarrollando casi como un experimento. Tomé la opinión tajante de Virginia Woolf como sospechosa de haber sido generada en un espíritu sensible más por la emoción que por la razón. Siguiendo la deriva por ese lado, en materia de estética-arte debemos atender tanto a la razón como a los sentimientos, o mejor aún, a un procesamiento que los unifica, pero que no tiene un origen claro, definido, permaneciendo lejos de nuestro alcance. Atribuimos la tarea al cerebro, reductor de incertidumbres y organizador en busca de coherencia, pero los materiales con que trabaja son en parte biológicos y en parte las intangibles, ideas, pensamientos e imágenes plasmadas en memorias de lo vivenciado, que entre otras cosas vehiculizan la cultura. Es un maravilloso amalgamador, un mortero o crisol personal donde se funde lo que luego se forja; enfrentamos una vez más al sempiterno problema mente-materia, dos caras de lo mismo. Parece entonces evidente que lo hace con elementos muy diferentes: neuronas, símbolos/imagos, que alguna vez fueron amalgamados en otros morteros/crisoles, cerrando un enorme universo o un multiverso parte de un gigantesco bucle.

Retornando a la inquietud despertada por la quizás falsa memoria sobre el Tintoretto y a Woolf, "tropiezo" (nada es casual) con información sobre la psiquiatra italiana Graziella Margherini. En su libro *El malestar del viajero ante la grandeza del arte*, describe el Síndrome de Stendhal que viene a cuento por señalar el peculiar vínculo entre artista, obra y sujeto que la contempla.

Margherini basó la descripción del Síndrome de Stendhal en 160 pacientes con ataques de pánico al contemplar una obra maestra estando de viaje. La autora menciona mareos, palpitaciones, alucinaciones y despersonalización en esas circunstancias, e inclusive infartos y convulsiones. Parece que esta dolencia puede tener que ver en parte con viajar solo, lo que en algunos casos provocaría un proceso de desorganización y reorganización de la personalidad, propio de esa circunstancia. Stendhal fue uno de los casos al contemplar "La adoración de los reyes magos" de Rubens. Su propia descripción de lo que le sucedía, dio origen a la denominación del síndrome. En la Galería de Los Uffizi suele suceder lo mismo, en especial ante la contemplación de "El nacimiento de Venus" de Botticelli. Al menos un 50% de los que sufren estos episodios tienen antecedentes psiquiátricos. Este antecedente es sugestivo, pero no excluyente de otros determinantes de esa respuesta tan peculiar ante la percepción de una determinada obra de arte. Si aceptamos un *continuum* entre la sensopercepción y la emoción que la tiñe y valora, cuando intentamos comprender y explicar el fenómeno de las ilusiones, los delirios y las alucinaciones, concluimos que se ha producido una distorsión, un error, una anomalía en ese ensamble. No avanzamos demasiado, ya que entramos en un cono de sombra obligados a considerar qué es normal y qué anormal en las conductas humanas y su génesis, tema por demás elusivo. Solemos etiquetar algunas de esas conductas tan peculiares como delirantes o místicas, según el caso. Las emparentamos con la locura o la genialidad, pues no es fácil separarlas con certeza, más aún, pueden ser las dos caras de una misma moneda. Como era de esperar, se ha descripto también el Síndrome de Jerusalén y el de París. Son precisamente las emociones las que dan valor y regulan la persistencia de los recuerdos. En esas circunstancias la razón e inclusive la conciencia queda en segundo plano.

¿Hay algo en lo observado, que siendo intangible es capaz de generar variados sentimientos y reacciones, o es el propio procesamiento perceptivo, tangible, el que lo hace? Una salida tentadora y conciliadora es considerar ambas opciones posibles según cada individuo y sus circunstancias, configurando una historia personal. Inevitable citar a Ortega y Gasset refiriéndose al sujeto y sus circunstancias. El psicoanálisis tiene aquí bastante para aportar valorando la historia del sujeto que se desarrolla en sus propias circunstancias y que por diversas razones va quedando alejada de la conciencia.

Tratando de verificar si mi recuerdo sobre lo visto en la TV estaba relacionado específicamente con el Tintoretto, di por azar, o no tanto, con la biografía de una artista muy especial, Artemisa Gentileschi, que merece ser analizada con detalle. En realidad ¡oh sorpresa! esa era la biografía que distraídamente había visto y equivocadamente recordado. El valor que le doy resulta de una asociación un tanto misteriosa entre mi intención de escribir este ensayo, mi vocación docente, el "tropezón" con Tintoretto, el segundo "tropezón" con la Gentileschi, sumados al simple placer que me produjo dejar vagar el pensamiento y fluir las ideas.

Artemisa Gentileschi, nacida en Roma en julio de 1593, pinta para la nobleza y las cortes. Su temple se percibe leyendo su carta escrita a Antonio Ruffo en 1649, a quien envía uno de sus cuadros. "Mostraré a su Señoría Ilustrísima *lo que sabe hacer una mujer*".

Notablemente su vida personal trascendió y con razón, tanto más que su obra. Hija de un pintor conocido, poco se sabe de su madre que fallece en su infancia. Vive su juventud encerrada y vigilada celosamente por una vecina. Su padre quiere recluirla en un convento a lo que se niega. Dadas sus dotes para el dibujo y la pintura, el padre accede a que trabaje en su casa. Por ausentarse en 1611 le pone un maestro a enseñarle perspectiva. Es Agostino Tassi, no casualmente apodado "el bravucón". Con 18 años es seducida y violada por Agostino, quien promete matrimonio pero no cumple. En esa época y lugar, esto era una gravísima afrenta al honor que se saldaba en los tribunales, en un *duelo* o de otras formas igualmente duras, aunque no legales. *Duelo* fue la palabra gatillo que recortada por la atención imperfecta, retrospectivamente pude señalarla como "culpable", no en sentido moral sino *causal*, del resto de mis pensamientos en esas circunstancias. El *duelo* del Tintoretto. Es importante destacar que el honor mancillado era el de la familia. El padre inicia el juicio en tribunales un año después y es sometida al examen de dos comadronas y torturada para que pruebe su inocencia. Lastiman precisamente sus manos con las que desarrollaba su arte. Tassi opta por la condena de cinco años de exilio que no cumple, la otra opción era un *duelo*. Poco después del juicio, Artemisa se casa y tiene cuatro hijos. Así la joven se sobrepone, pinta, tiene éxito en un mundo vedado a las mujeres. Conoce y dialoga con Galileo Galilei y Miguel Ángel. Tiene un amante del que está verdaderamente enamorada y es correspondida, situación sabida y tolerada por su esposo.

En 1616 es la primera mujer en ser admitida en la Academia de las Artes y el Dibujo fundada por Vassari en 1562. Vivió en Florencia, regresó a Roma y luego a Nápoles, donde fallece a los 58 años. Supongo que el lector atento habrá notado que no mencioné sus cuadros. Los calificaría de impresionantes además de bellos. Si observamos a Judith matando a Holofernes, Jael y Sissera, Susana y los ancianos, Lucrecia, Danae, Judith y también su autorretrato; todos ellos, a pesar de las limitaciones de las reproducciones en la red, desencadenan múltiples efectos y reacciones que estimo justifican la elección de esta artista a los fines de reflexionar sobre el arte, los artistas, los espectadores y la obra. Son *bellos, hermosos, impresionantes*. Pero los calificativos de bellos y hermosos hechos por mí no son lo importante. Pueden ser por un lado determinados por la maestría de la artista, por caso la temática y la tarea, cosa que cedo a los críticos. Lo de *impresionantes* es distinto; podría decir igualmente *impactantes* porque señala aquello que está en la obra y que el observador, en este caso yo, *siente al percibir*.

Intentar responder por qué la obra de Artemisa produce esos dos tipos de calificaciones, no solo en mí, sino en quienes las encargaron, compraron, vendieron, al igual que el común de los observadores, convirtiéndola en artista de fama, abre un interesante abanico de posibilidades. Debemos considerar dos aspectos: uno es la belleza de las mujeres y el otro la violencia de algunas de las escenas. En un caso, la postura de género, el erotismo, el canon cultural de belleza femenina, están en juego. En el otro, la violencia. Esto nos coloca frente a la difícil tarea de considerar la maestría del artista, su vida personal, así como su concepción estética, moral y ética, al igual que los mismo ítems del observador con su propia sensibilidad realizando esa maravillosa tarea por la cual decimos que una obra es impresionante, sin poder explicar cómo es que llegamos a esa conclusión. En cambio, el pretender explicar *por qué* o *para qué* es relativamente sencillo, ya que apelando a la fragmentación reduccionista del objeto de estudio lo podemos abordar desde la conciencia objetiva. Acabo de decir algo tramposo, porque en realidad lo que surge como consciente y objetivo, pertenece a un bucle donde también ha participado el inconsciente. En la calificación de *impresionante* han quedado subsumidos los componentes biológicos y culturales determinantes, como sexo, género, violencia, belleza, bondad, maestría, lo ideal y lo imaginado. Emerge de ese modo la creatividad de esta artista frente a lo real observado y vivido, o mejor dicho experimentado/experienciado, que la llevará a representar de una manera personal y única sus propias concepciones morales, éticas y estéticas. Las palabras y la polisemia abren más rutas de exploración. Gentileschi ha experimentado en el sentido de vivir sus experiencias, pero tal vez, quizás, haya experimentado además probando trazos y colores que mejor *tradujeran/transdujeran* sus sentimientos.

Mirando y viendo lo que nos muestra, tal vez podamos saber o intuir lo que nos ocultan, quizás lo verdaderamente importante. A su vez, veremos lo que seamos capaces de mirar y sentir según la particular forma personal de ser en el mundo. Un espejo que refleja con y sin distorsiones, al mismo tiempo que una lente que enfoca y acerca o aleja. Hay un fotógrafo imaginario que encuadra y misteriosamente, elige y decide qué incorporar, dejar afuera, registrar y guardar por qué, para qué y en función o razón de qué. No por accidente, en una cámara algunas de estas funciones las cumple el *objetivo.* El disparador fija el momento, la circunstancia que da sentido. Existe una memoria, película, genéricamente registro, que lo sintetiza todo y que ha estado en el artista antes que en el observador. El vehículo que conecta ambos es la obra que de alguna manera ha espejado, ha hecho resonar en una frecuencia muy semejante, raramente idéntica, emisor y receptor. Cuando conociendo su biografía contemplamos sus pinturas, todo puede cambiar. Descubrimos qué representan y quieren, ¿pueden? decirnos algo más allá de lo que formas, volúmenes, espacios, colores, luces y sombras, nos muestran merced a la maestría. Aparece entonces el *por qué* y el *para qué*. Configuran la huella de lo inmaterial en lo material (mente-materia). La maestría equivale a la praxis, que aunada al talento, el genio y el ingenio, logran la obra. Su génesis puede permanecer oculta, aún para la propia autora. Elige una superficie, generalmente un lienzo, sobre el que deja las marcas del pincel distribuyendo la pintura escogida. En la obra concluida aparece entonces ella, Artemisa Gentileschi en *cuerpo y alma*. Las mujeres que pinta no son solo bellas, seductoras cercanas a Cupido, Eros, madres y Vírgenes. También son luchadoras poderosas, dueñas de su destino, de su honor y capaces de matar como reivindicación, Pueden elegir amor y bondad tanto como odio, maldad y violencia. Mirando los cuadros siento y luego pienso que podrían ser algunas mujeres que he conocido, otras quizás sean aquellas fantaseadas, todas en pos de ser reconocidas, amadas y respetadas, se consolidan el *por qué* y el *para qué*.

El acto de contemplar tiene también otros aspectos a tener en cuenta. En este caso, Jorge Romero Brest predicaba la contemplación en quietud y silencio. Inclusive dedicándose largo rato a una sola obra. Una especie de acto de *comunión*. Como vanguardista en el Di Tella propició las primeras instalaciones con las que el observador podía interactuar, algo lejos de la quietud y soledad pregonada en otro momento y lugar. "Hay de todo, como en botica", dirían los abuelos. Retornando a ese acto de "comunión", Carlos Reymundo Roberts, periodista, comenta en un artículo: "El arte ha celebrado siempre la *comunión* entre lo explícito y lo implícito. Proceso mágico y misterioso de una obra, que se completa con lo que no tiene o apenas se vislumbra".

María Gainza, escritora y crítica de arte, logra otra *comunión* en su libro *Nervio óptico*; es la *comunión* de dos lenguajes, el pictórico y el literario. Lo interesante es que de esa forma, une y da sentido a su posición personal frente a las obras de arte, dejando casi en segundo plano sus saberes profesionales como crítica. Escoge en razón de su vida personal; produciendo de ese modo la *biografía novelada* de una crítica de arte. Su gusto no está muy ligado a los cánones de escuelas y artistas, sino a su tiempo y sus vivencias personales. Una muestra más de ese imponderable que nos empeñamos en conocer.

La contemplación en soledad y en silencio se asemeja a la atención flotante del psicoanalista. En ella deja, o al menos intenta, que impacte en lo profundo de su ser lo relevante del relato del otro. Siente y razona, se produce otra *comunión* más, tal vez la transferencia y la contratransferencia. Finalmente vale la pena pensar el valor metafórico de *comulgar* como traspaso de un símbolo, la sangre y cuerpo de Cristo materializado en una hostia para ser incorporado como tal en la materialidad de un creyente. Recorrido similar al de las obras de arte.

Podemos tentativamente poner en juego algo de los saberes del cerebro recordando los trabajos de Roger Sperry, Michael Gazzaniga y sus sucesores sobre cerebro dividido. En un caso, el paciente ante la presentación artificiosa de dos figuras en apariencia incoherentes por serle impedida la percepción integrada de ambas, produjo una respuesta coherente desde la polisemia. Explicó su elección de una pala de nieve asociándola con una gallina, diciendo que la pala era para sacar los excrementos del gallinero. Una respuesta del lenguaje en el hemisferio izquierdo ante una incongruencia por falta de la imagen apropiada presente en el hemisferio derecho. De allí se dedujo que "*el cerebro no tolera la incertidumbre*" y que a través del lenguaje produce respuestas para salir al paso. Seguramente si se diseñaran otros experimentos veríamos que el hemisferio derecho lo haría de otras maneras. De esta experiencia también se puede rescatar la necesidad de la integración de todo procesamiento, corrigiendo la idea del *localizacionismo*. Pueden haber asimetrías, pero no independencia absoluta. Ahora hablamos de *conectoma* describiendo estas redes en las neuroimágenes. Muchas veces hacemos asociaciones estrafalarias y actuamos en consecuencia. Las ilusiones ópticas son un buen ejemplo donde la Gestalt participa completando una figura independientemente de lo observado, pero a partir de lo observado. Es la memoria predictiva la que induce al error. Suponemos que algo sucederá de tal forma, porque ya ha sucedido así anteriormente. Otro problema surge cuando en pos de la eficiencia, la rapidez o la parsimonia no necesitamos escanear la totalidad de un objeto. Lo significativo, aunque sea parcial, genera potenciales de aprestamiento y puede descargar una respuesta. Habitualmente es la apropiada y rápida; no obstante si se oculta o falsea lo significativo, o simplemente no atendemos, podemos caer en el error, pues el procesamiento por default tomará el comando y es solo aproximativo. La complicación aumenta ya que en cualquier parte de este recorrido y por diversas razones se pueden introducir variaciones tanto benéficas y correctoras como negativas. El cerebelo ahora está siendo reconocido como otro instrumento relevante de la maravillosa sinfonía cerebral, como la llama William Calvin. Podemos preguntarnos si la creatividad no depende también de él por ser parte de la orquesta. Esto nos coloca frente a nuevos interrogantes ya reiteradamente formulados sobre la causalidad, la libertad, el azar, la necesidad, lo suficiente y lo infinito. Quizás un caos que maravillosamente estructuramos y hacemos coherente aún en lo cambiante y novedoso.

Según lo emergente como conductas, en unos casos seremos considerados locos, en otros creativos y geniales. ¿Genialidad, creatividad y locura son extremos de lo mismo? Laing y Cooper sostenían algo parecido. Más aún, consideraban los extremos como puntos cercanos en un círculo. Por lo tanto se podría pasar fácilmente de la normalidad a la locura y viceversa, aunque esto último no es tan seguro ni se ha demostrado categóricamente por ahora. El refranero popular ya lo decía: "De niño y de loco, todos tenemos un poco".

Efectos similares a las obras de arte pueden darse en la contemplación de la naturaleza y ante la llegada de diversos estímulos sensoriales, mejor aún si son multisensoriales y acompañados de sus afectos. No son lo mismo la música de órgano o el canto coral en una gran iglesia en ocasión de un festejo que en un funeral. No experimentan lo mismo ese monje que de bruces en la penumbra de una fría madrugada ora, se interroga, se castiga e implora en un convento de clausura, que ese turista que contempla La Sagrada Familia en la Capilla Sixtina, o esa otra persona que atribulada va a su templo y solo oye el ruido suave al pasar las cuentas del rosario y el murmullo de su rezo. Son también buenos ejemplos un paisaje, con los sonidos de la tormenta, el arrullo del viento entre las hojas o una rica comida en buena compañía. Quién no recuerda de manera especial el perfume de una bella dama, el olor de nuestra madre cuando en su regazo nos sentíamos seguros y confortables o el olor y el sabor de la comida de la abuela. Este análisis o recorrido ha estado variablemente sesgado hacia el lado del observador o del artista. Tarea en búsqueda de sentido, de intención que no se agota nunca, como lo prueba este breve recorrido por un catálogo imaginario en el que destacan Borges, Bach, los Beatles, Tiziano, Miguel Ángel, la Callas, Gardel y ese Velázquez que ha entretenido a legiones de psicólogos usándolo para analizar en Las Meninas lo que se ve, lo que no y lo que decide hacernos ver, un observador observado y pintando. Añado a Saint-Exupéry con su dibujo ambiguo de la serpiente/sombrero mejicano o su frase "lo esencial es invisible a los ojos" y a Edgar Allan Poe con su escrito "La carta robada", que motivó a Jacques Lacan a jugar con esa idea.

Suena innecesario, muy tendencioso, casi ridículo, pensar solo médicamente en cerebros estimulados o arruinados por el alcohol, las drogas o por patologías psiquiátricas para explicar la creatividad. Las obras de Picasso, Dalí o Van Gogh no necesitan de eso. Acude en ayuda María Gainza que es terminante al calificar de reduccionistas posturas de ese tipo: "El astigmatismo del Greco no termina de explicar su cosmogonía. La epilepsia no explica a Dostoievski ni la tuberculosis a Keats". Tampoco, agrego, las figuras alargadas de Modigliani, ni las esculturas de Giacometti se explican por un trastorno visual.

Lautrec, Gaudí o Chopin seriamente enfermos en algún momento de sus vidas, no creaban en función de sus enfermedades corporales; quizás sí lo hacían por el impacto emocional y las experiencias condicionadas por ellas.

Todo lo tratado en relación al arte y por ende la estética puede ser aplicado a la ética como una característica de las conductas humanas producidas y observadas en forma semejante. Analizar la vida y obra de líderes religiosos, científicos, filósofos, políticos y pueblos con su cultura, nos llevará por caminos similares a los recorridos con los artistas. La diferencia finalmente radica que en un caso nos ocupará qué hay en lo bello y en lo feo, en el otro en lo bueno y lo malo. Con sorpresa veremos que vamos por caminos similares y por lo tanto ética y estética están emparentadas al menos en sus causas, en su génesis, en su origen. El camino, es en realidad nuestra mente moldeadora/moldeada por las experiencias. El fondo podrá ser biológico, pero tanto el origen como sus consecuencias escapan del determinismo o el mecanicismo biológico. Analizar esto produce una sensación de inquietud al ver que las explicaciones se escurren como arena entre los dedos. El castillo de la playa es una construcción transitoria hecha con ese material que va y vuelve arrastrado por una ola que va y que vuelve. Lo reconstruye un niño ¿el mismo? o un adulto recordando su niñez. Puede ser reconstruido, reconfigurado, por la mano de ese niño a veces guiado y ayudado por los saberes de sus padres. Nunca será idéntico, a lo sumo parecido. Encantadoramente hay posibilidades sin límites, incluyendo la advertencia de no construir castillos en la arena. Creo que en ese caso se hablaba de otra cosa.

En esta particular circunstancias de reflexionar sobre ética y estética, el límite lo pone este espacio de escritura y mis conocimientos. De esa forma debo poner coto a asociaciones, pesquisas y memorias, que podrían prolongarse tanto como pueda estar interesado y pensar en el tema.

Suele suceder que cuando creemos haber pensado todo y haberlo dicho o escrito, nuevas lecturas y experiencias engendran nuevos saberes y ponen la rueda a girar una vez más. También nos acecha la sospecha, un tanto desesperanzadora, que todo ya ha sido pensado antes; el famoso nuevo vino en viejas odres. En tanto lo saboreemos como nuevo, vale la pena.

CAPÍTULO VII
Epílogo y justificación

No hay nada nuevo sobre la tierra. Salomón
Toda novedad no es sino un olvido. Platón
No toda es vigilia la de los ojos abiertos.
Roberto Arlt

El deseo del príncipe es siempre construir mu-
rallas y quemar libros.
Jorge Luis Borges

Buena parte de las razones que motivaron este ensayo están diseminadas en los capítulos precedentes. Cierta desazón expresada en ellos, es el eco de las frases que prologan éste capítulo tratando de justificar su origen.

El pretendido Todo puede parecer un caos. Tal vez lo sea o simplemente refleje la imposibilidad de acabar con la ignorancia. Se requiere paciencia para aceptar contradicciones. Es bueno posicionarse como un detector de falacias, fiel reflejo de un cerebro-mente que se dice no tolera la incertidumbre o las ambigüedades. En mi caso se ha dado una combinación afortunada entre genes y un entorno cultural propicio en la época que se dio. Un azar que trato de aprovechar al máximo como un regalo inesperado.

El reciente artículo de Christiana Westlin y colaboradores, "Improving the study of brain-behaviour relationships by revisiting basic assumptions" (marzo de 2023) ha servido como confirmación y esm tímulo para esa actitud. En él se formulan críticas y el reclamo de correcciones para las suposiciones en que se basan los estudios con neuroimágenes, muchos de los cuales tienen dificultades para replicarse o arrojan resultados contradictorios. Si se parte de presupuestos equivocados o endebles, tanto la metodología como la interpretación de los resultados estarán en problemas para dar testimonio fiel de una realidad tan elusiva como la relación cerebro/conductas o más básica como cerebro/mente/materia. Creencias y objeciones que justifican este emprendimiento.

No obstante, intentando ser coherente con mi aproximación al tema, que no es otra que una manera de pensar vinculada a la ciencia y al humanismo, cabe ahondar y hacer más explícitos el por qué, incluyendo el por qué ahora, y el para qué de este ensayo. Subyace el intento de encontrar respuesta a las llamadas grandes preguntas y, tal como dice Daniel Dennett, "si las preguntas no fueran difíciles no valdría la pena trabajar sobre ellas".

El *ahora*

El tiempo, el momento, tuvo que ver con lo que se llama Acontecimiento. Es aquello que sucede, nos sucede, cuyo impacto no podemos ignorar puesto que suele inducir cambios significativos. Una cuota personal creciente de libertad y tiempo disponible lo posibilitaron pero contrabalanceado por El Acontecimiento que fue la pandemia con su prolongada cuarentena. Como en el mortero de las viejas cocineras o el matraz de los alquimistas y, por qué no, el caldero de las brujas, a fuego lento, se fueron amalgamando, intercambiando, modificando, informaciones conocimientos y experiencias. Un aquelarre inconsciente del que luego, cual coladas, se van vertiendo y filtrando las ideas y los pensamientos. Se vuelcan en moldes de consciencia con su correspondiente lenguaje. Se ofrecen y allá salen y vuelan con el correr de la pluma o la conversación. Otras personas poseen diferentes moldes y entonces pintan, esculpen, cantan, bailan, tocan un instrumento o simplemente observan. Pueden, podemos, en un acto docente, crear moldes vacíos para ser llenados por las nuevas generaciones. He aquí parte del porqué temporal, su perentoriedad.

El mesomundo en el que habitualmente nos desenvolvemos se había transformado en algo distinto, más complejo y con otros tiempos. Aparece la globalización en toda su magnitud. Juego de científicos e intelectuales hablando del Niño, del cambio climático o de la sorprendente posibilidad que el aleteo de una mariposa en un lugar pueda generar un huracán en el extremo opuesto del planeta. Pues sí, ahora un virus lo concreta. Desde un continente llega a los otros en un tiempo record que se acerca al tiempo real.

Lo que sucede ya no atañe solo a lo cercano, lo limitado, lo específico, lo fácilmente manejable por su simplicidad y su predictibilidad, sino a un todo que abarca el planeta y sus habitantes. El sesgo de especie impulsa a decir la humanidad, pero sería caer en otro reduccionismo inútil. Tiempo y circunstancias se conjugaron.

El *por qué* y el *para qué*

Siguiendo cierta cronología, al comienzo fue sorprendente la enorme diferencia en la información y el manejo de la situación en diferentes lugares. La información en tiempo real no parece ser suficiente si los que la generan y los que la reciben no se ponen de acuerdo y la distribuyen racional, equitativa y verazmente. Poner sobre el tapete y ofrecer al debate ese enorme caudal de contradicciones, desinformación o información tendenciosa, fue una tarea parcialmente realizada durante mi ejercicio profesional y la docencia. Es una tarea nunca acabada debido a las carencias educacionales y el vértigo informático. La globalización y el cambio del *tempo* la hacen imperativa y en constante renovación. A veces lo inacabado se debe a imposibilidad, o peor, a impedimentos impuestos paradojalmente por aquellos que deberían ser facilitadores. Aparecen unidos el por qué y el para qué.

Los científicos identifican el virus y rápidamente crean las vacunas apropiadas. Desarrollan tratamientos que rescatan algunos pacientes, previenen la enfermedad en muchos y organizan el sistema sanitario a cambio de su propio sacrificio en muchos casos. El resto de los dirigentes no actúa de igual forma y aparece la dicotomía entre economía y salud. Es aparente que esa diferencia divisoria radica en diferencias morales y éticas. Justificación adicional del por qué, el para qué y de la elección del tema Ética.

Los humanistas desde la psicología, la filosofía, la antropología, la sociología y una variedad de pensamientos ricos y complejos, tercian frente al Acontecimiento y hacen su aporte desde un campo diferente y a veces opuesto a la ciencia, que en este caso era la biología humana y su aplicación en la medicina. Mi formación en ambos lados de ese supuesto cerco, permitió una mirada menos sesgada y estrecha, otra justificación.

El avance científico-tecnológico posee un valor dependiente de la ética, tanto de los creadores como de aquellos que utilizan esos avances. Por otra parte, pareciera que los científicos tienen cuotas de ignorancia que hacen imprevisibles algunos resultados y dudosas sus explicaciones. Se suman otros posibles desconocimientos acerca de la moral y la ética que guía o debería guiar tanto sus acciones como las de aquellos que las apoyan y sustentan. El problema con estas falencias es que interactúan con la sociedad, crean cultura y no pueden desentenderse de los resultados. Como mínimo vale la pena se interroguen por los valores y su origen, ya que pueden ser tanto victimarios como víctimas. Iguales reflexiones caben para los pertenecientes al grupo humanista. Ninguna de las posiciones es buena o mala por definición, si no la analizamos en función de lo que se sabe, su historia, las circunstancias y sus consecuencias conocidas o posibles. Esa debe ser la guía del accionar expresable como el bien común, la buena vida o no hacer a los demás lo que no aceptaríamos hicieran con nosotros. Justificación moral y ética.

En ese contexto puede asimismo observarse el resurgimiento de algunas ideas religiosas y del pensamiento mágico. Tratamientos e investigaciones se traducen en números; de ese modo, vida y muerte pueden calcularse igual que ganancias, pérdidas, o costos y beneficios. Se patentan descubrimientos como las vacunas para cobrar regalías y pasan a ser mercancías. Han dejado de ser bienes de la humanidad como lo consideró Fleming con la penicilina. Lamentablemente esa idea fue abandonada cuando se industrializó su producción masiva. Hasta los Estados entran en competencia con la industria farmacéutica. Se calculan –término poco feliz– costos en vidas, en sufrimiento y también en dinero. Los primeros se dramatizan pero al cabo de un tiempo se convierten en un dato que volcado en una curva o una planilla va perdiendo impacto; los números y las curvas reemplazan a las personas y así, al no tener un rostro visible se desdramatizan y se olvidan. En cambio el valor económico es mirado constantemente, no solo porque debe financiarse, sino porque al reducirse los ingresos consecuencia de la cuarentena, aparecen las pérdidas. Los datos pueden ser divulgados, ocultados y manipulados según convenga. Conductas de solidaridad, codicia, manipulación, fraude, creatividad, inteligencia, torpeza, sabiduría, ignorancia, nos remiten nuevamente a lo humano, su génesis, motivaciones y las reglas que lo guían. Una vez más surge la *ética* y ya no podemos soslayar *lo neuro*. Justificación desde la observación de la ciencia y un peculiar recorte de ella. ¿Preguntas sin respuesta? O, como dice Caparrós en rol de Sarmiento, "porque están esas cosas que uno quiere saber aunque no puede y esas que sabe aunque no quiere".

Adquirimos grados de certeza achicando los grados de libertad, *trade off,* negociación buena o mala según la moral y la ética de los participantes, seres vivos intercambiando energía con el medio en un proceso entrópico y neguentrópico, calificable según el nivel y la calidad de su educación, junto a las características y valoración de lo negociado.

Siempre aparecen variables y alternativas, somos únicos, irrepetibles y cambiantes. No todo el tiempo somos científicamente racionales, ni descuidadamente irracionales manejados por instintos.

Una virosis que crece hasta convertirse en pandemia, no es más que un fenómeno biológico que muestra una subyacente cadena ecológica. Todos parasitamos y somos parasitados para sobrevivir. En algunos casos (la mayoría) somos dominadores (ganadores) pero a veces nos toca perder. La ciencia ha posibilitado éxitos y disminuido fracasos, sin garantizar los primeros ni prever los segundos. Justificación por la experiencia vivida.

Los científicos estudiando el sistema nervioso nos sorprenden demostrando que las células nerviosas presentes en el aparato digestivo, son tan numerosas como las que existen en el encéfalo, y se conectan con él como parte de la red extensa que integra al organismo como un todo. La medicina, reduccionista por necesidad, ha creado una subespecialidad y un *neuro* más: la *neurograstroenterología*. No está claro si formará con el tiempo parte de la gastroenterología o la psiquiatría. Más inquietante aún, el tubo digestivo ya merece ser mirado como la superficie de contacto con el medio representado por alimentos y gérmenes que configuran la microbiota. Esta, al integrarse a través de las neuronas existentes allí, condiciona ciertos aspectos de nuestra conducta. Se cierra de ese modo un círculo: medio externo/alimentos y bacterias — tubo digestivo — neuronas — cerebro — conductas — medio externo y reinicio del ciclo. Podemos por lo tanto pensar que algunas de las neuronas que residen en el aparato digestivo forman parte del aparato sensorial.

Imaginativamente las bacterias halladas en las ratas dóciles o en los humanos con personalidades no perturbadas son calificadas como "buenas", porque no producen enfermedades, colaboran en la absorción de elementos necesarios para la subsistencia y además mantienen a raya a las "malas".

Decir que las bacterias o los virus "buenos" "combaten" o "compiten" con los "malos" que enferman, es una antropologización injustificable. No hay bacterias buenas o malas en sí. Son otras formas de vida que se interrelacionan para subsistir y mantener cada una su variante llamada "especie, familia o cepa". La analogía con las conductas humanas coloca a las bacterias y los gérmenes en general como si fueran poseedoras de una moral con su ética correspondiente que las diferencia entre buenas y malas. Parece algo gracioso o absurdo, observado irreflexivamente desde la omnipotencia y arrogancia humana, pero no lo es tanto si nos preguntamos sagazmente como lo hacen Jakob Johann von Uexküll y Johannes Van de Waal: ¿Cómo ven e interactúan con el mundo los animales? O ¿tendremos los humanos suficiente inteligencia como para saber cómo piensan los animales en función de esa, su manera de "ver"?

Konrad Lorenz los precedió y a través de la etología comenzamos a ver conductas animales de variada complejidad con las que nos comparamos en busca de explicación. Cerca *but not cigar*. El ingenio puede tener sus trampas. Los autores citados advierten que en realidad la conducta animal es observada por un humano que la interpreta en sus términos, y a su vez los animales se comportan de diferente manera al observar quienes los observan y les proponen tareas creadas según las propias hipótesis de los mismos que los observan. De todos modos algunas observaciones en su medio original, especialmente en primates, son valiosas y no muy diferentes a las de los psicólogos produciendo y evaluando tests. Una justificación más observando el problema de la generalización antropologizante y la incapacidad de ponerse en el lugar del Otro, sea quien sea.

Valgan estas referencias para señalar lo cambiante y elusivo del vínculo conductas cerebro, en especial cuando intentamos profundizar el estudio de aspectos tan complejos y con tantas particularidades como por ejemplo la ética, y me anticipo a mencionar en igual situación la estética. Proporcionar estos conocimientos con sus dudas y certezas también debe figurar en las justificaciones

La ignorancia convertida en dogma denomina y valora los intentos de sobrevivir y luchar como buenos o malos, bondad o maldad según las circunstancias y la posición de quien denomina.

Regresando a la pandemia, en ella se habló y todavía se habla de la guerra en que el personal de salud y los científicos serían los soldados, pero no los comandantes. Ese puesto se reserva para los funcionarios que deben cuidar y administrar los recursos. Aparecen cismas, grietas, buenos y malos, amigos y enemigos, salud o economía.

Moral y ética son invocados para ser utilizados como norma y ley con que analizar y juzgar la realidad, sugiriendo, aprobando y eventualmente forzando las llamadas conductas apropiadas. Hay transgresiones, a veces justificables por la insensatez de algunas medidas, otras por que sí, y en un grupo trascendente por su poder, su impunidad.

¿Podrá un conjunto de células nerviosas por sí mismas observar, comprender, justificar, explicar y desarrollar estas conductas?

Vemos que se toman decisiones, se formulan juicios de valor y se deciden acciones en consecuencia, implicando la posibilidad de elegir, acertar, equivocarse y corregir o persistir en el error. Las posibilidades u opciones requieren reglas que las regulen teniendo en cuenta la libertad para elegirlas y para decidir sus límites. Hablaremos entonces de libre albedrío y justicia para elegir y hacer respetar las reglas concordantes con la ética vigente. Nuevamente nada es tajante, absoluto o inmutable, especialmente cuando los mismos que crean las reglas pueden modificarlas, cumplirlas o ignorarlas. Justificación de la necesidad de analizar cuidadosamente la toma de decisiones, la libertad y el poder.

¿Por qué Fleming rechazó patentar la penicilina y sí lo hacen otros por descubrimientos similares? ¿Por qué un científico minimiza el riesgo de la pandemia, un funcionario lo exagera y otros lucran? ¿Por qué convertimos la ecología en una lucha, desconociendo lo que desde Darwin sabemos? ¿Por qué consideramos un derecho y una buena acción cuando depredamos y no cuando somos depredados? ¿Por qué hay guerras? ¿Por qué hay amigos y enemigos entre los hombres, si somos semejantes y quizás provenimos de una pareja ancestral común que nos hermana según atestigua el genoma?

Vivimos o nos hacen vivir en una paradoja: recurrimos a la ciencia, la ideologizamos, nos fanatizamos, la invocamos como reveladora de verdades y posibilitadora de progreso infinito y venturoso, pero al mismo tiempo recaemos en los prejuicios, el pensamiento mágico, las creencias de todo tipo sin más sustento que la fe irracional. Alan Sokal y Jean Bricmont en su libro *Imposturas intelectuales* sacan a la luz la trastienda de este juego generando un furibundo debate, luego olvidado o acallado. Los popes de la IA más sofisticada comienzan a enfrentarse entre sí, advirtiendo o negando los riesgos según convenga a sus intereses personales. Se suele debatir suponiendo a la ciencia poseedora de poderes ilimitados para resolver cualquier problema, incluyendo sus propios desaguisados. Puedo asociar esta confianza, bastante irracional, basada en la no muy cuidadosa observación del retorno al estado previo, o la recuperación de una supuesta "normalidad" preexistente. Acto de fe parecido al de nuestros abuelos, expresado con el dicho: "siempre que llovió, paró". El sustento de esa fe era el relato de un diluvio y la creencia religiosa en un Dios todopoderoso capaz de castigar y premiar a todo lo viviente frente al cambio climático con inundaciones, sequías y temperaturas extremas, tienta ver a los científicos como Noé con su arca salvadora o mejor como ese Dios creador del castigo y del arca salvadora. Ciencia y religión aquí se aúnan creando o posibilitando mitos esperanzadores, negando lo irreversible. Reversible e irreversible son posibles estados de lo existente en nuestra realidad con diferentes posibilidades. No son equivalentes a existente e inexistente que implican un juicio absoluto sobre lo real. Debemos ser precavidos para no confundir estos términos, en especial cuando se discute la idea del progreso promovida por la ciencia y la tecnología. Sus consecuencias, a veces son imparables otras irreparables, muchas imprevisibles. Existen los límites, los bordes, las fronteras que al atravesarlos nos colocan en situaciones novedosas, no conocidas: entonces conjeturamos, extrapolamos, imaginamos, exploramos, pero ya no hay marcha atrás, hemos sido reconfigurados por lo nuevo. Otra manera de ver este pasaje es lo que en ciencias físico químicas se llama cambio de fase por el cual algunas estructuras moleculares dadas ciertas circunstancias cambian y tienen propiedades radicalmente distintas; el agua es el ejemplo frecuente citado: estado sólido (hielo), líquido y gaseoso (vapor)

Ensombrecen el futuro los pronósticos de catástrofes, incluyendo la extinción de nuestra especie y la del planeta que habitamos en este universo parcialmente conocido. Vamos, venimos, cambiamos, pero no me animo a decir avanzamos o retrocedemos. La dimensión del tiempo ha cambiado, mejor dicho nuestra percepción y su medición. El tiempo pático, el individual, es sentido como un huracán que nos lleva y al que no podemos controlar aunque lo quisiéramos y lo intentáramos. A duras penas logramos asociarlo al viejo *cronos*. La globalización puesta a la vista por la pandemia, junto con la informática, las redes y la IA, trajeron aparejados cambios dramáticos que. Insidiosamente fueron instalándose hasta que, como un dique que se rompe, nos van arrastrando (un cambio de fase/era). Miramos hacia la ciencia, le formulamos preguntas, esperamos nos ayude porque confiamos en su método que otorga credibilidad veracidad y reproductibilidad. Menciono a la ciencia pero prudentemente no a los científicos, falibles y cambiantes por su condición de seres humanos además dependientes de financiación para su tarea y su subsistencia. Justificación esperanzadora radica en el método científico.

Generalmente otorgamos a todo lo que tenga expresión matemática mayor credibilidad y confiablidad, por ello a este hecho habitual en el mundo científico, se lo suele extrapolar a otras actividades, otros campos, traspasándoles acríticamente las mismas virtudes; de ese modo algunas observaciones expresadas numéricamente, son consideradas sin más como científicas aunque no lo sean. Esto es usado con frecuencia por los medios, los divulgadores y particularmente en la propaganda y el marketing. Las intenciones son variadas y los resultados no siempre son beneficiosos para los receptores, porque el tratamiento estadístico que se usa para convalidar, no es siempre el adecuado, ni su interpretación la apropiada. Existen errores tipo I y II, falsos positivos y falsos negativos, además de negociaciones entre tamaño de la muestra y tamaño de la población, especificidad y sensibilidad, población en riesgo e intención de tratar. Son aspectos no siempre tenidos en cuenta tanto al programar un estudio como al analizar los resultados. Justificación de las dudas señalando el error en la aplicación del método científico y en el análisis de los resultados. Como Mark Twain podemos decir con cierto sesgo crítico y exagerando un tanto, que hay tres tipos de mentiras, las mentiras verdaderas, las sagradas y las estadísticas. Exagerado pero no del todo equivocado si tomamos en cuenta su uso y la interpretación de algunos resultados.

Parece muy evidente que las preguntas nodales, y por ello las más difíciles sino imposibles de responder, se centran en el hombre, sus conductas y son formuladas por otros hombres.

Indudablemente ya está fuera de discusión que es en el sistema nervioso donde se encuentran las respuestas, aunque escondidas, celosamente guardadas. Hallarlas es tarea titánica que ya lleva milenios. Justificación de la búsqueda a pesar de sus dificultades.

Los conocimientos de la neurociencia hasta el momento no son ni tan avanzados ni precisos o definitivos como para endilgarle valor explicativo y justificación de los fundamentos de la ética y por el mismo tenor la moral; tampoco para dar por respondida la pregunta sobre cómo es que pasamos de lo material a lo inmaterial en ambos sentidos. Pensar que la ciencia no tiene límites, es ignorar que debido al problema de los niveles de observación y conocimiento, siempre aparece una frontera, un límite que tenemos la esperanza de cruzar en el futuro; entonces diremos, ya está, ajá, Eureka, llegamos, no somos más ignorantes. Craso error, pues aparecerá un nuevo territorio, una nueva frontera, nuevas ignorancias desplegadas en un horizonte/arco que se corre todo el tiempo. Vuelta a caminar y jugar otro partido. Por todo esto insisto que es un reduccionismo extremo, inapropiado, injustificado e innecesario agregar *neuro* a estética y ética, ya que añade a las dificultades de definir con precisión esos conceptos, las dificultades planteadas por *lo neuro en sí*, incluyendo a los propios investigadores, sujetos plásticos configurantes/configurados. Se cae de este modo en una doble falencia, dado que tanto el objeto bajo análisis como los sujetos creadores y ejecutores del método instrumentado para su estudio, no están hasta el momento validados más allá de toda duda razonable. Una justificación más por la gran duda planteada de ser un observador observándose a sí mismo. En relación con la estética caben consideraciones similares a las ya expuestas para la ética. Esteban Ghio Aguilar en su trabajo *Entre la especulación filosófica y los procedimientos científicos* realiza una excelente crítica a la postura de Semir Zeki, creador de *La neuroEstética*. Lo sintetizo en algunos párrafos:

> "La física aristotélica, también la newtoniana, fueron sistemas teóricos creados por 'la actividad cerebral' de Aristóteles y Newton respectivamente. Sin embargo, ninguno de los dos puede predecir con exactitud ciertos fenómenos para los que se utiliza la relatividad especial, creada por 'la actividad cerebral' de Einstein. Aun cuando todos los modelos hayan sido creados por el hombre, deben poder dar cuenta de los fenómenos que pretenden explicar y son estos quienes imponen condiciones. Esto se debe a que la idea misma de justificación en ciencias empíricas supone una metodología capaz de poner a prueba las hipótesis en relación al fenómeno. Vale decir que una hipótesis, creada por el cerebro humano a partir de la observación, debe ser testeada y su éxito dependerá de su adecuación al fenómeno en cuestión. Se sigue que su dependencia y obediencia son para con el mundo y no para con el cerebro. La neurología en el estudio de todas las actividades humanas no puede ser justificada apelando a su dependencia al cerebro. Esto no significa que la neurología deba ser excluida por completo del estudio de las actividades humanas".

Por lo tanto, es evidente que el *por qué* tiene que ver con la exageración reduccionista de atribuir al cerebro, con su materialidad biológica y actuando bajo las leyes de la física y la químicas, la determinación absoluta y exclusiva de las conductas humanas. Ni siquiera la definición de dichas conductas es precisa e invariable. A su vez, los métodos de abordaje son en muchos casos igualmente cuestionables y cambiantes. Estudiar algo así, cambiante e impreciso, con algo cambiante e igualmente impreciso, es más un acertijo que un trabajo científico, peor aún si ese objeto de estudio configura, se autoconfigura, es configurado y por añadidura hace todo eso sobre sí mismo. No queda otra elección al alcance que las aproximaciones de certeza variable según el observador, el método, y la interpretación de los resultados El intento es maravilloso y ciertamente vamos traspasando fronteras, pero eso no nos convierte en dioses omnisapientes capaces de nominar o adjetivar ahora nuestras conductas con el prefijo *neuro*, en un juego lingüístico usado para denotar el origen presunto de las mismas o al adjetivarlas como buenas o malas, bellas o feas. Las ideologías pueden rigidizar el pensamiento y convertir a la ciencia en religión con el dios cerebro en el altar.

La necesidad de justificar el porqué de esta postura, en este momento, es reforzada al avizorar un posible cambio de paradigma, un cambio de era. Desconocemos si ya está aquí con nosotros, o caso contrario, cuándo sucederá si es que finalmente sucede. Menos podemos saber con seguridad qué lo sucederá y cómo nos afectará. Sí sabemos que se va gestando insidiosamente hasta que un gran Acontecimiento lo catapulta y lo visibiliza. Aun con todos los recaudos, los cambios importantes adquieren su propia dinámica incontrolable. Por lo tanto, los resultados y las consecuencias no son predecibles con exactitud, menos cuando atañen a la vida en el planeta y especialmente a la vida humana. La ciencia ha producido cambios tales que es dable pensar en otros universos y en nuevas concepciones, por ejemplo del tiempo y el espacio. La causalidad se complica en un infinito cuántico donde no podemos determinar posiciones de origen sin alterar la situación. Por lo tanto la pregunta por la realidad se agiganta; ni qué hablar si pensamos en el destino y el sentido de lo que hacemos.

Aceptar que la economía tiene más que ver con la psicología que con las matemáticas ha hecho sonar alarmas en ciertos ámbitos, por ello el impulso y el esfuerzo por conocer la mente en su esencia corpórea. Impulso coincidente con el de algunos gobiernos para poder comprender, predecir y eventualmente manipular conductas de apoyo o beligerancia. Todos son movidos por una mezcla de intereses bondadosos y mezquinos, carentes de aquello que determina la pureza del interés estrictamente científico. Tienen por detrás jugadores codiciosos con inmenso poder. No es inocente la actitud de estados y grandes empresas por "conocer el cerebro". Suponen que al lograrlo podrán copiarlo, manipularlo y de ese modo adueñarse de las conductas complejas a su favor. Saber es poder y saber lo que hace que los humanos seamos esto que somos, otorgará a quien o quienes lo posean la posibilidad de configurarnos y determinarnos a gusto y conveniencia. *Poder, locura, psicopatía*, ética y estética podrán así ser objeto de esas manipulaciones y justificaciones.

No casualmente son los artistas quienes en numerosas obras han imaginado el futuro al que no siempre representan como venturoso. Creo lo hacen porque en lo profundo de su inconsciente, en esas esferas vital y valorativa de Juan Carlos Goldar, radica aquel temor y desconfianza esenciales a lo desconocido tomado como amenazante para la propia vida; algunos llaman a eso paranoia que no es una patología en ese caso. Aquellos artistas se sienten así frente a sus circunstancias, y así lo expresan merced al arte que con su lenguaje permite decir lo inefable. Ha surgido otra justificación del para qué.

El cambio climático, las hambrunas injustificadas al igual que la pobreza y la ignorancia fomentada, son ejemplos de lo que sucede a pesar del aparente avance científico. Se los disimula y minimiza bajo eufemismos como efectos indeseados, daño colateral, complicaciones no previstas, cisnes negros y promesas irracionales de rápida y fácil corrección. Si bien viajamos y nos comunicamos a una velocidad y de formas impensadas pocos años atrás, los hombres cambiamos por generaciones que demandan un mínimo de diez años aproximadamente y que se basan en las anteriores que arrastran sucesivamente a las siguientes. Lo que se inicia hoy, no lo veremos terminar los que lo iniciamos. Me refiero a grandes cambios. Huelga decir la importancia de la moral y la ética en este curso y la importancia de la estética y los artistas porque pueden anticipar creativamente denunciando o restañando heridas con su apelación a lo bello y bueno.

La reiterada conjunción de belleza y bondad justifican la elección de tratarlas juntas como ética y estética. He escogido ese abordaje pues están muy vinculadas por los mecanismos de toma de decisiones. Merced a ellos se ejecutan nuestras conductas según ciertas reglas o leyes. Comportarnos bien y bellamente. Bueno y bello como equivalentes.

Un griego clásico, casi seguro Platón, unía en una tríada verdad, belleza y bondad: "lo bueno bello de ver". Deriva de allí la justicia. Me fue útil recordar esto y mantenerlo como un saber abonando el pensamiento crítico. Los matemáticos a quienes el común de los mortales suponemos férreamente adheridos a su lógica y sus reglas, sorprenden cuando hablan de la belleza de una ecuación o la solución de un problema. Podemos experimentar sensaciones parecidas mirando representaciones de cristales y fórmulas químicas que ahora pueden hacerse en 3D y con movimiento. ¿Estaremos hablando de lo mismo? ¿La esencia estética será igual? El número y la proporción áurea tienen la respuesta al permitirnos pasar de un cálculo a un dibujo igualmente bello.

El por qué esconde también una preocupación que da origen al para qué y vice versa. Las neurociencias tienen como su componente más inclusivo por ser interdisciplinaria a la neuropsicología, nueva estrella del firmamento científico. Abarca mucho y a veces –como dice el refrán– termina por apretar, sostener poco. Muchas miradas, abordajes, abren interrogantes que multiplican necesariamente la demanda de respuestas. El problema de fondo es que el objeto de estudio, el ser humano, se lo mire por donde y como se lo mire, es al mismo tiempo quien mira, pregunta y responde. Un imposible lógico. Las humanidades nos advierten de ello, la ciencia responde con un fanatismo religioso: ahora no sé, más adelante sabré porque lo que antes no se sabía ahora se sabe. Torre de Babel y *Homo Deus*. De ese modo produce modelos que son transitorios, etapas de paso sujetas a revisión permanente. Su vínculo con las llamadas humanidades da flexibilidad, robustez epistémica y utilidad a los mismos.

Por eso los verdaderos pioneros y sus seguidores, creadores de modelos a veces verificados, otras no, son modestos y cautelosos en general. Como científicos están dedicados a esta tarea y con estas condiciones. Los entusiasma el camino más que la meta que dejan siempre como interrogante. Esta distinción me parece fundamental para diferenciarla de la postura de aquellos que ponen a la neurología como poseedora del cetro. Se les suman fundamentalistas que atacados de un reduccionismo irreflexivo postulan a las neuronas como los antiguos invocaban a Dios. He tenido la suerte de formarme con verdaderos científicos y también con grandes humanistas, por eso soy poseedor de más dudas que certezas, cosa que espero poder traducir a estos escritos con la intención docente de alertar sobre los desvíos.

Para los que sostienen posturas fundamentalistas, parece suficiente colocar el prefijo *neuro* a todo, como sello de origen científico confiable. De ese modo puede procederse a validar interpretaciones, justificaciones y manipulaciones conductuales generalizándolas a cualquier campo. Si a resultas de este enfoque lo hecho es virtuoso o positivo, se debería a un cerebro privilegiado o bien moldeado, caso contrario se invoca a la patología; el error como enfermedad. Dejan de lado cómo, por quién, en base a qué criterios y en qué circunstancias se establece el canon de salud mental y conductas apropiadas. Hacen mal uso de las estadísticas y también ignoran la causalidad con su requerimiento de condiciones necesarias y suficientes y por supuesto a la cultura en sentido amplio.

Cuando hablan de *neuroética* no queda en claro si se refieren a la ética pertinente al investigador del sistema nervioso, al neurólogo y sus decisiones, o al paciente y sus derechos. Tampoco si se refieren a los dueños de la información pertinente a los tratamientos y sus resultados. Estimular un cerebro puede ser una forma terapéutica o una manipulación. En realidad cualquier acción sobre el cerebro puede ser eso mismo, una modificación intencional guiada por la moral personal de quien la realiza y la ética a la que responde su grupo en esa sociedad, en ese momento. Los conflictos surgen cuando esos principios difieren o no son compartidos por el poseedor del cerebro a ser manipulado, más aún cuando en ciertas circunstancias, ni siquiera sabe que ya fue, es o será manipulado. Enseñanza o adoctrinamiento son diferentes formas de acción que fatalmente enraizarán en el cerebro como aprendizajes. Propaganda y publicidad van por el mismo carril llevando distintos ropajes.

Por lo tanto, si se sigue denominando a las variantes antes descriptas como neuroética, no solo se cae en un uso abusivo sino además equivocado del término. Puede deberse a las intenciones de quien decide educar o adoctrinar, pero también a lo indeterminado del mismo cuando se analizan las aplicaciones posibles. Es necesario preguntarse cómo proteger al sujeto del aprendizaje si reducimos todo al cerebro del dador de información y del recipiente, sin tener en cuenta sus intereses, cultura y los conocimientos válidos que lleven al consentimiento consciente e independiente de una situación dominante, a veces fraudulenta. Hay allí mucho más que neuronas y neurotransmisores. Esta es la tarea en la que vale la pena involucrarse

Poner *neuro,* por otra parte, es una movida muy atractiva pues exime al que lo enuncia de la tarea requerida para realizar un análisis más cuidadoso y profundo. Especialmente se elude considerar la responsabilidad, el libre albedrío y la toma de decisiones, habilitando el camino al pensamiento religioso del pecado y la culpa con resultado opuesto al estudio científico al que paradojalmente alude el prefijo *neuro.* Debe tenerse en cuenta además, que por otra parte en el reduccionismo científico no existirían culpas o responsabilidades, pues la conducta estaría determinada desde la biología aplicando mecánicamente sus rígidas leyes. Todo lo contrario de la religión que impone sus leyes instaurando el pecado y la culpa como formas de control de ciertas conductas dependientes de elecciones responsables guiadas por la moral a nivel individual y por la ética a nivel social. Lo podemos sintetizar diciendo que en un caso el cerebro dirige sus ejecuciones según las reglas de la biología; en el otro lo hace siguiendo reglas provenientes de otro ámbito, ajeno a su naturaleza pero que se vale de ella: la cultura que abarca la religión y la justicia; leyes divinas o leyes humanas. Un tremendo enredo que pone entre paréntesis a la ética, la relación naturaleza cultura, instinto o razón. Menudo problema para la justicia. Rousseau y el buen salvaje ya transitaban este camino.

Cierta desazón nos invade al darnos cuenta que un problema complejo y multideterminado, no puede tener una respuesta o solución simple y lineal. No quedan dudas de que sabemos muchísimo más y se lo ha logrado en un corto tiempo merced a la ciencia, aplicada en este caso al estudio del sistema nervioso y sus funciones más complejas. Esto ha traído particularmente beneficios para atenuar las graves patologías de causa orgánica demostrable y también para poder tentativamente predecir, con un nivel de probabilidad estadísticamente aceptable, algunos comportamientos en respuesta a estímulos bien definidos. La psicoterapia trabaja con ello.

A pesar de esos avances, persisten en la sociedad seres humanos con conductas antisociales que recurrentemente someten a poblaciones a sufrimientos inenarrables, sin que las neurociencias ni las ciencias sociales logren hasta el momento modificarlas o controlarlas. Tuvimos dos grandes guerras y varias más limitadas, persecuciones, diásporas, epidemias y pandemias, no obstante lo cual, parece que seguimos atrapados en un eterno retorno. ¿Patologías u olvido?

Luigi Zoja hace un interesante análisis como historiador y psicoanalista. Construye una buena síntesis de la forma peculiar de interpretar e insertarse en el mundo por algunos sujetos nefastos de la historia universal. Lo hace a partir de un diagnóstico psiquiátrico, la paranoia, considerada como una distorsión de la manera de interpretar las señales del mundo y nuestra inserción en él. Lo muestra el niño con los miedos de la infancia y la desconfianza inicial hacia lo extraño. Las experiencias positivas lo atenúan y le dan su justo valor y utilidad. Se aquilata así la importancia de la historia personal y de la cultura que se va heredando. Zoja aúna lo biológico, eso que la genética determina tempranamente en esos personajes, con su historia personal, su época y la cultura vigente. Lo interesante además, es que el resultado de ese ensamble particular puede ser transmitido, imitado, logrando de ese modo generar, cual una ola, su contagio arrastrando pueblos enteros genuinamente convencidos de lo apropiado de sus argumentos y acciones. El fenómeno es desproporcionado, ya que solo el líder o una minoría son patológicos en tanto que los contagiados, inducidos o adoctrinados son multitudes de sujetos *a priori* y después considerados normales. Hannah Arendt elabora algo parecido considerando la banalidad del mal.

¡Oh sorpresa! Una peculiar conducta se comporta como un virus y así el tirano arrastra al pueblo.

Es apropiado en este punto recordar otro legado de Freud que pasa a veces inadvertido, son las series complementarias que Ricardo Rodulfo retoma y las amplía a suplementarias. Una buena síntesis de naturaleza y cultura. La predisposición en su centro, que posibilita pero no decide las acciones ulteriores. La moderna genética aporta en el mismo sentido. El mecanicismo está en la química pero no en las ideas, a pesar que ellas hayan surgido de la química en un proceso que aún se nos escurre.

Una paradoja más se plantea observando que algo tan complejo e intangible como ideales, palabras, intenciones, creencias, temores, se comporta como un ser vivo, un virus invisible que se replica, transmite, agota, fracasa, muere, desaparece o se trasforma en nuevas cepas, ideas o culturas, dando lugar a esta paradoja.

Sabiendo cada vez más de nuestro objeto de estudio, sin embargo seguimos sin saber cómo funciona convirtiendo formas de energía y materia en un producto inmaterial, la mente. Más dramática es nuestra dificultad para encontrar un sentido claro a nuestro patrimonio temporario más valioso, nuestra vida o la vida en general. Martín Caparrós acude en mi ayuda y en su libro hace decir a Sarmiento: "La tarea más laboriosa de los hombres es buscarle sentido a tantas cosas que, en principio no tienen ninguno".

El corolario hasta este punto, es que se intenta injustificadamente dar certezas acoplando neuro a ética y a estética.

Todo cambio genera dudas al saber lo que se deja, pero no estar absolutamente seguros de lo que se incorpora. Si el cambio es profundo y extenso, la duda se acompaña de preocupación y en una progresión variable temor, miedo, angustia. La duda metódica o la postura científica reconociendo lo transitorio de las certezas incrementan estas sensaciones. La filosofía hace lo mismo cuando cuestiona la realidad tal como la construimos. El cerebro supuesto "buscador" de certezas y coherencia hace lo que puede para traer calma a las turbulencias de la incertidumbre. A veces lo logra, en otros casos las canjea en constante ida y vuelta al que literalmente aún no le "encuentra la vuelta". Debido a la extraordinaria rapidez de los cambios, las preocupaciones por los primeros avances en IA hoy parecen nimias. Fue el artículo de Carlos Mutto sobre inteligencia artificial y la aparición del chatGPT lo que hicieron necesario poner el foco en la ética particular que rige estos nuevos desarrollos, quienes lo controlan y financian en una alocada competencia de mercado. Los expertos y sus pagadores saben lo que pueden hacer, fantasean con lo que podrán hacer y se despreocupan de los cambios y sus consecuencias futuras en el hombre a resultas de lo que hayan hecho. Suelen despreocuparse por el común de los humanos a los que tratan de seducir mostrando los beneficios, pero disimulando u ocultando los riesgos, ya que no conocen los límites reales ni las consecuencias a mediano y largo plazo, del mismo modo que tampoco saben a ciencia cierta cómo controlar o guiar los nuevos pasos para preverlas y evitarlas. La gravedad de esta situación es poco percibida por gran parte de las poblaciones. Esta docta ignorancia de investigadores y creativos, sumada a la de los receptores, hace que se avance un tanto a ciegas hasta que la aparición de consecuencias indeseables alumbren el camino, señalen los errores y posibiliten las correcciones, a veces inmodificables por tardías.

Se va materializando un cambio de era. ¿Dejaremos de existir como el humilde *primum movens* terrestre reemplazado por algoritmos, ordenadores y robots? A veces el temor se convierte en miedo. Miedo por las generaciones nuevas para las cuales el celular, la "compu", la tablet y una infinidad de pantallas con acceso a redes o el chatGPT los van convirtiendo en poseedores de un cerebro aumentado, como dice Miguel Benasayag, pero condicionado y por lo tanto disminuidos en su esencia humana. Creen que son libres, no estoy seguro sea así. ¿Serán una nueva mutación? Se intenta copiar al cerebro sin advertir que la dependencia progresiva en la IA puede llevarnos a que las nuevas generaciones aprendan y copien a las computadoras, las imiten en una inversión de roles.

En una pirámide imaginaria, el vértice de la justificación de mi postura plantea que en tanto ya estamos frente a un cambio de paradigma, debemos apartarnos de los dogmas, actos de fe, espejismos ilusorios y relatos falaces, para tratar la transición de la forma más conveniente y adecuada. Detectar la dinámica, las fuerzas que se mueven, conocer un poco más lo humano de los humanos, las leyes que lo mantienen beneficiosamente en sociedad dentro de esa cadena ecológica del meso-mundo, es una demanda prioritaria. Exige estudiar, investigar, conocer sin prejuicios, para poder saber y en esa forma vivir una vida plena, funcionando y existiendo en armonía con la naturaleza de la que formamos parte. La ciencia ha producido cambios de tal magnitud que es dable pensar en otros universos y en nuevas concepciones del tiempo y el espacio. La causalidad se complica en un infinito cuántico. En consecuencia la pregunta por la realidad se agiganta mucho más si pensamos en el destino y el sentido de lo que hacemos.

Como amante de la biología me agrada la naturaleza y la encuentro bella con sus colores, olores y sabores. Una rosa, un jazmín, un ave del paraíso, el canto de los pájaros, el sabor de las frutas frescas, el olor de la tierra cuando llueve, el olor del pan recién horneado; también la textura de un abrigo o de la piel de la mujer amada. No me agradan tanto las pantallas y las "realidades" virtuales que convocan y atrapan sin que los usuarios adviertan que virtual significa *"como sí"*, lejos de lo que aceptamos como la realidad tangible y algún filósofo nos complicó la vida con la consideración por *la cosa en sí.*

Aparece el temor cuando sabemos que algo parece real y no lo es, que ha sido hábil y maravillosamente creado por IA, pero sería pecar de ingenuo no pensar que en algún momento no podremos diferenciar real de virtual o, más brutalmente, verdad de mentira. En ese entonces entraremos en una era regida por la manipulación que ni siquiera advertiremos. Ética y estética quedan en suspenso hasta que el nuevo orden esté establecido. Acuden a la memoria Orwell y su *1984*, Carroll y *Alicia*, Kafka y *La metamorfosis*, Woody Allen y *El dormilón*, Nietzsche y la muerte de Dios. Se puede hacer una lista infinita agregando los contemporáneos. Del lado alentador está que este bípedo sin plumas se las ha ingeniado para sobrevivir, desarrollando ese algo elusivo pero potente que hemos heredado. Estamos aquí y ahora preocupándonos y tratando de saber, quizás siguiendo ese destino evolutivo que conocemos retrospectivamente, lo que no es suficiente para aventurarnos en predicciones futuras. Acuden otras memorias como Julio Verne y el submarino, Monteiro Lobato y su mazorca que hablaba y distraía a los niños paseándonos por hermosas constelaciones como La cabellera de Berenice, Borges y sus *Ficciones*, Schweitzer en *Lambarene*, Saint Exupéry y su *Principito*, y de ese modo la nave va...

Desestimar la educación, el mérito y la ética, han pasado a ser moneda corriente en muchos lugares. El resultado esperable añade a las preocupaciones que trato de justificar en esta tarea.

Todo el proceso de aprendizaje, razonamiento y construcción de los recursos humanos queda "achatado". La creatividad natural y la curiosidad también cuando todo está servido, dado, predigerido, y lo peor: sutilmente impuesto. Desconocer otras realidades que no aparezcan en formato digital, obstaculiza la integración y la tarea de construir mundos con y en la naturaleza. Se establecen como valores la velocidad, el automatismo y la cantidad, no el laborioso razonamiento y el verdadero aprendizaje. En el caso de la niñez, la pobreza del ambiente material y cultural, junto a la genética, el nacimiento y el desarrollo en ese medio, la colocan en un punto de partida cercano a la nada.

La frutilla de este postre es también poner la lupa sobre el libre albedrío que no es una característica humana basada solo en su cerebro privilegiado. Si las condiciones están dadas de antemano, solo *creemos* elegir libremente. Cómo pasamos de una creencia a una acción concreta entrando en un bucle de sensopercepciones a ser procesadas, valoradas, clasificadas, archivadas, recuperadas, cotejadas y ejecutadas, está aún lejos de ser explicado como un simple movimiento de iones, moléculas u ondas. Es posible, pero nuevamente *not cigar*. ¿Por qué negarnos entonces a explorar otras explicaciones? Origina preocupación e inclusive temor, la posibilidad que tardíamente nos demos cuenta que la negación no fue espontánea sino inducida y así la causalidad pasa inadvertida o tomada como casualidad.

Cuando una sociedad, una cultura o un *biosistema* llegan a un punto crítico, la *masa crítica*, los cambios cualesquiera que ellos sean, se desencadenan en forma incontenible. Si son de gran magnitud serán difícilmente reversibles. Más allá de lo cuantitativo y en conjunto con ello, la dirección determinante de lo cualitativo es aquello a tener muy en cuenta. Si hemos acumulado un progreso ventajoso facilitador de una convivencia y supervivencia sustentables a nivel planetario, podremos ser optimistas y las preocupaciones ser achacadas a cierto conservadurismo o nostalgia de los viejos, que por no entender bien o aprender rápido, tenemos temor y a veces miedo a lo nuevo por desconocido.

Las neurociencias con su componente humanista, me colocan en el rol de viejo docente advirtiendo que el uso de *lo neuro* debe ser cuestionado cuando se lo generaliza, por el riesgo de confundir no solo casualidad con causalidad, sino más seriamente causalidad con coincidencia o probabilidad.

En síntesis, la justificación de este recorrido es compartir el temor por el lado imprevisible de los cambios aunque los consideremos avances y compartir además las enseñanzas heredadas que atemperan los absolutos. También el temor que por ignorancia se crea que una palabra certifica, es decir otorga certeza cuando el propio lenguaje es incierto en su esencia. Eso me sucede particularmente con el uso de la palabra *neuro* acoplada a sustantivos de lo más variados y diversos, cuya semántica en muchos casos es borrosa e insuficiente. El tiempo va pasando, alterno entre mi observatorio jardín y mi escritorio, cuya ventana me permite ver un parque, en este momento muy verde y con gente plácidamente tomando sol y niños jugando. Una bella imagen, placentera, recuerdo fotos y pinturas, también poemas y me siento partícipe de ese existir de los artistas. Ambos escenarios me producen placer y los considero bellos. También lo es mi escritorio lleno de papeles, mis lapiceras favoritas, fotos memorables de los seres queridos y souvenirs. Por supuesto la biblioteca, reservorio y refugio. Parque y jardín cada tanto cambian de color, se despojan de su vestimenta y se aquietan. Sobrevuela una melancólica esperanza en el regreso de los colores fuertes y el bullicio. Nada muere del todo.

No dudo que todo esto proviene de mi interior, lo proceso sin saberlo, creo que en mi cerebro, pero hay algo más que me impide por innecesario e insuficiente ponerle *neuro* a mi escritura, mis fotos, mis recuerdos y la belleza que encuentro mirando alrededor. Una **estética** personal. La vida se toma un descanso de tanto en tanto. Pienso en la suerte que tengo por todo esto, porque puedo vivirlo. Me digo y no casualmente es hermoso y está bueno, **estética y ética**. En un momento elijo una de las lapiceras y voy escribiendo estas reflexiones. Un bosquejo posibilitado por ella, pues desde niño supuse, ahora creo, que una buena lapicera, que nos guste, que amemos, posibilitará el fluir de buenas palabras. Una de tantas creencias que me consuelan, tal vez una mentira piadosa. Miro mi mano escribiendo y no dudo de que la orden partió de mi cerebro, pero no me queda claro desde dónde vienen las ideas que la tinta muestra como palabras. "Queda en el tintero" saber *cómo es* que estoy haciendo esto.

Mar del Plata,
27 de febrero 2023 al 15 de abril de 2024

BIBLIOGRAFÍA

General

Agamben, Giorgio. *¿Qué es real?* Adriana Hidalgo.

Agamben, Giorgio. *El reino y la gloria.* Adriana Hidalgo.

Agamben, Giorgio. *La potencia del pensamiento.* Adriana Hidalgo.

Agamben, Giorgio. *Lo abierto.* Adriana Hidalgo.

Badiou, Alain. *El ser y el acontecimiento.* Manantial.

Bartra, Roger. *Antropología del cerebro.* Fondo de Cultura Económica.

Bartra, Roger. *Chamanes y robots.* Anagrama.

Baudrillard, Jean B. *El sistema de los objetos.* Siglo XXI.

Baudrillard, Jean. *Los objetos singulares.* Fondo de Cultura Económica.

Benasayag, Miguel. *¿Funcionamos o existimos?.* Prometeo.

Benasayag, Miguel. *La singularidad de lo vivo.* Prometeo.

Berardi, Franco "Bifo". *El tercer inconsciente.* Caja Negra.

Berger, John. *El tamaño de una bolsa.* Taurus.

Bunge, Mario. *La causalidad.* Sudamericana.

Bunge, Mario. *Ciencia, técnica y desarrollo.* Sudamericana.

Bunge, Mario. *Intuición y razón.* Sudamericana.

Bunge, Mario. *Seudociencia e ideología.* Alianza Universidad.

Burke, Peter. *¿Qué es la historia del conocimiento?* Siglo XXI.

Calasso, Roberto. *Los cuarenta y nueve escalones.* Anagrama.

Carrión, Jorge. *Membrana.* Galaxia Gutenberg.

Chabris, Christopher y Simons, Daniel. *El Gorila Invisible.* Siglo XXI.

Changeux, Jean-Pierre. *El hombre de verdad.* Fondo de Cultura Económica.

Changeux, Jean-Pierre. *La naturaleza y la norma.* Fondo de Cultura Económica.

Changeux, Jean-Pierre. *Razón y placer.* Tusquets.

Churchland, Patricia. *Neurophilosophy.*

Copi, Irving. *Introducción a la lógica.* EUDEBA.

Damasio, Antonio. *En busca de Spinoza.* Drakontos.

Damasio, Antonio. *Y el cerebro creó al hombre.* Booket.

Darwin, Charles. *Textos fundamentales.* Paidós.

Dawkins, Richard. *El capellán del diablo.* Gedisa.

De Waal, Frans. *¿Tendremos suficiente inteligencia los hombres para estudiar la inteligencia de los animales?* Tusquets.

Dennet, Daniel C. *Bombas de intuición.* Fondo de Cultura Económica.

Dennet, Daniel. *De las bacterias a Bach.* Pasado y Presente. Barcelona.

Echevarría, Rafael. *El observador y su mundo,* Vol. I. Granica.

Echeverría, Esteban. *El búho de minerva.* Granica.

Einstein, Albert. *Mi visión del mundo.* Tusquets.

Erler, F., Marchionini, A. Pollock, F. Walther, Weber, A. *La rebelión de los robots.* EUDEBA.

Espósito, Roberto. *Las personas y las cosas.* Katz.

Farisco, Michele. *Filosofía de las neurociencias.* EUCASA.

Fuster, Joaquin M. *Cerebro y libertad.* Ariel.

Gell Mann, Murray. *El Quark y el jaguar.* Tusquets.

Goodman, Nelson. Maneras de hacer mundos. *La balsa de la medusa.* Visor.

Gould, Stephen Jay. *Obra esencial.*

Green, André. *La causalidad psíquica.* Amorrortu.

Greenspan, Stanley y Benderly, Beryl. *El crecimiento de la mente.* Paidós.

Gribbin, John. *En busca del gato de Schrödinger.*

Han, Byul-Chul. *No-Cosas.* Taurus.

Han, Byung-Chul. *Infocracia.* Taurus.

Hartmut, Rosa. *Alienación y aceleración.* Katz.

Hofstadter, Douglas. *Gödel, Escher, Bach.* Tusquets.

James, William. *Un universo pluralista.* Cactus.

Kandel, Eric. *La era del inconsciente.* Paidós.

Kandel, Eric. *Psiquiatría, psicoanálisis y la nueva biología de la mente.* Ars Médica.

Koyré, Alexandre. *Pensar la ciencia.* Paidós.

Kuhn, Thomas S. *La estructura de las revoluciones científicas.* Fondo de Cultura Económica.

Labatut, Benjamín. *La piedra de la locura.* Anagrama.

Labatut, Benjamín. *Un verdor terrible.* Anagrama.

Lederman León y Teresi, Dick. *La partícula divina.* Drakontos.

Lehrer, Jonah. *Proust y la neurociencia.* Paidós.

Lipovetsky, Gilles. *La era del vacío.* Anagrama.

Ludueña Romandini, Fabián. *La comunidad de los espectros.* Miño y Dávila.

Luria, A.R. *Sensación y percepción.* Fontanella.

Marina, José Antonio. *Teoría de la inteligencia creadora.* Anagrama.

Martínez, G. y Piñeiro, G. *Gödel para todos*. Seix Barral.

Maturana, H. y Pörksen, B. *Del ser al hacer*. Garnica.

Maturana, Humberto y Varela, Francisco. *De máquinas y seres vivos*. Lumen.

Maturana, Humberto. *El sentido de lo humano*. Granica.

Maturana, Humberto. *La realidad: ¿objetiva o construida?* Anthropos.

Mindlin, Gabriel. *Causas y azares*. Siglo XXI.

Moreno, Julio. *Ser humano*. Letra Viva.

Morin, Edgar. *Introducción al pensamiento complejo*. Gedisa.

Murena, H.A. *La metáfora y lo sagrado*. Alfa. El barco de papel.

Nancy, Jean-Luc. *El intruso*. Amorrortu.

Nicolelis, Miguel. *El verdadero creador de todo*. Paidós.

Nogueira, Guillermo J. *La era del neuro-Todo*. Miño y Dávila.

Oliverio, Alberto. *Cerebro*. Adriana Hidalgo.

Pacho, Julián. *¿Naturalizar la razón?* Siglo XXI.

Paín, Sara. *La génesis del inconsciente*. Nueva Visión.

Perazzo Roberto. *De cerebros mentes y máquinas*. Fondo de Cultura Económica.

Pérez, Diana I. *La mente como eslabón causal*. Catálogos.

Platón. *Teeto, o de la ciencia*. Aguilar.

Popper, K. y Lorenz, K. *El porvenir está abierto*. Tusquets.

Quian Quiroga, Rodrigo. *Neurociencia Ficción*. Sudamericana.

Rewald, Enrique. *Immune Crossover IV*. Authors.

Ross, Alan (compilador). *Controversias sobre mentes y máquinas*. Tusquets.

Sadin, Eric. *La era del individuo tirano*. Caja Negra.

Sadin, Eric. *La humanidad aumentada*. Caja Negra.

Sadin, Eric. *La siliconización del mundo*. Caja Negra.

Sagan, Carl. *Los dragones del Edén*. Drakontos.

Sampedro, Javier. *Deconstruyendo a Darwin*. Drakontos.

Sartori, Giovanni. *La carrera hacia ninguna parte*. Taurus.

Schaeffer, Jean-Marie. *El fin de la excepción humana*. Fondo de Cultura Económica.

Schrödinger, Erwin. *Mente y materia*. Tusquets.

Schrödinger, Erwin. *Mi concepción del mundo*. Tusquets.

Searle, John. *El redescubrimiento de la mente*. Crítica.

Searle, John. *Libertad y neurobiología*. Paidós.

Searle, John. *Mente cerebros y ciencia*. Cátedra.

Sherrington, Charles. *Hombre versus naturaleza*. Tusquets.

Sokal, Alan y Bricmont, Jean. *Imposturas intelectuales*. Paidós.

Sosa Escudero, Walter. *Borges, big data y yo*. Siglo XXI.

Steiner, George. *Lecciones de los maestros*. Tezontle.

Teofrasto. *Sobre las sensaciones*. Anthropos.

Tripaldi, Laura. *Mentes paralelas*. Caja Negra.

Von Uexkül, Jakob. *Andanzas por los mundos circundantes de los animales y los hombres*. Cactus.

Watzlawick, Paul. *¿Es real la realidad?* Herder.

Whitehead, Alfred. *El concepto de naturaleza*. Cactus.

Wieser, Wolfgang. *Organismos estructuras y máquinas*. EUDEBA.

Zoja, Luigi. *Paranoia*.

Ética

Abraham, Thomas; Badiou, Alan y Rorty Richard. *Batallas éticas*. Nueva Visión.

Appiah Kwame, Anthony. *Experimentos de ética*. Katz.

Bauman, Zygmunt. *Ética posmoderna*. Siglo XXI.

Bleichmar, Silvia. *La construcción del sujeto ético*. Paidós.

Changeux, Jean-Pierre. *Sobre lo verdadero, lo bello y el bien*. Katz.

Cohen Agrest, Diana. *Ni bestias ni dioses*. Debate.

Dugatkin Lee, Alan. *Qué es el altruismo*. Katz.

Evers, Kathinka. *Neuroética*. Katz.

Gazzaniga, Michael S. *The Ethical Brain*. Harper.

Kliksberg, Bernardo. *Escándalos éticos*. Temas.

La Rocca, Susana. *Valores, ética y práctica científica*. Suárez.

Platón. *Apología de Sócrates*. Editorial Universitaria.

Waddington, C.H. *El animal ético*. EUDEBA.

Estética

Berger, John. *Sobre los artistas*, Vol. I y Vol. II. Gustavo Gil.

Boucheron, Patrick. *Leonardo y Maquiavelo*. Fondo de Cultura Económica.

Buch, Esteban. *El caso Schönberg*. Fondo de Cultura Económica.

Burello, Marcelo. *Gilgamesh o del origen del arte*. Hecho atómico.

Burucúa, José Emilio. *La imagen y la risa*. Periférica.

Deleuze, Gilles. *Pintura. El concepto del diagrama*.

Dierssen, Mara. *El cerebro del artista*. Shackleton.

Fernández Vega, José. *Formas dominantes*. Taurus.

Fustinoni, Osvaldo. *El cerebro y la música*. El Ateneo.

Gainza, María. *El nervio óptico*. Anagrama.

Jauss, Hans Robert. *Pequeña apología de la experiencia estética*. Paidós.

Kean, Sam. *El pulgar del violinista*. Ariel.

Le Shan, L. y Margenau, L. *El espacio de Einstein y en cielo de Van Gogh*. Gedisa.

Lynch, Enrique. *Ensayo sobre lo que no se ve*. Abada.

Nasio, J.D. *Arte y psicoanálisis*. Paidós.

Plata Rosas, Luis Javier. *Un científico en el museo de arte moderno*. Siglo XXI.

Prósperi, Germán Osvaldo. *La máquina óptica*. Miño y Dávila.

Ramachandran, V.S. *The Tell-Tale Brain*. Norton.

Rancière, Jacques. *El espectador emancipado*. Manantial.

Rose, Gilbert J. *Entre el diván y el piano*. Lumen.

Sacks, Oliver. *Los ojos de la mente*. Anagrama.

Sacks, Oliver. *Musicofilia*. Anagrama.

Sacks, Oliver. *Veo una voz*. Anagrama.

Shiner, Larry. *La invención del arte*. Paidós.

Volpi, Jorge. *Leer la mente: El cerebro y el arte de la ficción*. Alfaguara.

Zátonyi, Marta (compiladora). *Aportes a la estética*. La Marca.

Artículos

Generales

A call for more clarity around causality in neuroscience. Barack Davis, et al. *Trends in Neurosciences*, *45*(9), 654-655, 2022.

An "embedded brain" approach to understanding antisocial behaviour. Viding, Essi; McCrory, Eamon; Baskin Sommers, Arielle; DeBrito, Stephane; Frick, Paul. *Trends in Cognitive Sciences*, 2023, en prensa.

An integrative, multiscale of consciousness. Johan Storm; P. Christian Klink y Jaan Aru et al. *Neuron*, *112*, 1-22, 2024.

Aping Mankind: Neuromania, Darwinitis and the misrepresentation of humanity, by Raymond Tallis - Review. Jane O´Grady. *The Guardian*, 7 de agosto de 2011.

Biophilia revisited: nature versus nurture. Bengt Gunnansson y Marcus Hedblom. *Trends in Ecology & Evolution*, *38*(90), 2023.

Books for giving: psychology. Alexander Linklater. *The Guardian*, 4 de diciembre de 2011.

Estados de conciencia alterados asociados a la espiritualidad. Amadeo Sánchez. *Revista de Neurología*, *52*(4), 253-254, 2011.

Computational ethics. Awad, Edmund et al. *Trends in Cognitive Sciences*, *26* (5), 388-405, 2022.

Consciousness beyond the human case. Joseph le Doux et al. *Current Biology Magazine*, *33*, R829-R854, 2023.

Decoding semantic representation in mind and brain. Frisby Saskia, L. et al. *Trends in Cognitive Sciences*, *27*(3), 258-281, 2022.

El concepto de persona y su fundamentación neurológica. Garcóa, O.D. *Revista de Neurología*, *26*(154), 1073, 1998.

Evolutionary neuroanatomical expansión of Broca's región serving a human –specific function. Friederici Angela D. *Trends in Neurosciences*. En prensa, 2023.

Functional neuroimaging in psychiatry and the case of failing better. Nour,

Mathew et al. *Neuron, 110*, 2524-2544, 2022.

Hay mucha cháchara en la difusión de la neurociencia. Suplemento de ciencia, *Perfil,* 31 de agosto, 2014.

How Reliable are scientific studies? Munafó, Marcus R. y Flint, Jonathan. *British Journal of Psychiatry, 197*, 257-258, 2010.

Improving the study of brain-behavior relationships by revisiting basic assumptions. Westin, Christiana et al. *Trends in Cognitive Sciences, 27*(3), 246-257, 2022.

In defense of wonder and other philosophical reflections. By Raymond Tallis-review. Kelly Stuart. *The Guardian,* 6 de julio, 2012.

Interbrain synchrony on wavy ground. Holroyd, Clay B. *Trends in Neuroscience, 45*(5), 346-357, 2022.

La escritura artificial: de los surrealistas a los algoritmos. Carrión, Jorge. *Perfil,* 6 de septiembre, 2023.

La filosofía en el marco de las neurociencias. Estany, Ana. *Revista de Neurología, 56*(6), 344-348, 2013.

La inteligencia artificial será un arma decisiva en la pugna por la supremacía mundial. Mutto, Carlos. *La Nación,* 27 de febrero, 2023.

La metafísica del pensamiento. Goldar, J.C. *Alcmeon, 14*(2), 2007.

Larga vida a la neuropsicología. García-Albea, José. *Revista de Neurología, 53*(6) 384, 2011.

La salud mental: un asunto ni biológico, ni social, sino todo lo contrario. Lahera Forteza Guillemo. *El País* (España), 10 de agosto, 2022.

Living on the edge: network neuroscience beyond nodes. Betzel, Richard;

Faskowitz, Joshua y Spoms, Olaf. *Trends in Cognitive Neurosciences.* En prensa, 2023.

Neurología, neuropsicología y neurociencias: sobre usos y abusos de lo "neuro". Ruiz José, M. et al. *Revista de Neurología, 53*(5), 320, 2011.

Nonhuman "authors" and implications for the integrity of scientific publication and medical knowledge. Flanagin, Annette et al. *JAMA* (on line) 31 de enero, 2023.

Nuestras vidas se rigen por el azar: no controlamos nuestros pasos. Entrevista a Sechtman Dan. *Perfil,* 1 de octubre, 2023.

Para entender por qué votamos diferente. Entrevista a Brusco Luis Ignacio. *Perfil,* 15 de septiembre, 2023.

Prediction during language comprehension: What is next? Ryskin, Rachel y Nieuwland, Marte S. *Trends in Cognitive Sciences.* En prensa, 2023.

Prediction error in models of adaptive behavior. Victor M. Navarro, Dominic M. Dwyer, Robert C. Honey. *Current Biology, 33*, 1-6, 2023.

Prerequisites of language acquisition in the newborn brain. Kujala, Teija; Pantanen, Eino y Winkler István. *Trends in Neurosciences, 46*(9), 727-737, 2023.

Psicología y neurociencias. Un cambio de paradigma. Nogueira, Guillermo J. y Nogueira Florencia. Material de Cátedra Neuropsicología. Facultad de Psicología. Universidad Nacional de Mar del Plata.

Social uncertainty in the digital world. Ferguson, Amanda; Turner, Georgia y Orben Amy. *Trends in Cognitive Sciences, 28*(4), 2024.

Symbols and mental programs: A hypothesis about human singularity. Dehaene, Stanislas et al. *Trends in Cognitive Sciences*, *26*(9), 751-766, 2022.

The brain... it makes you think. Doesn't it? Eagleman, David y Tallis, Raymond. *The Guardian*, 29 de abril, 2012.

The seductive allure of Neuroscience explanations. Deena Skolnick Weisberg et al. *Journal of Cognitive Neuroscience*, *20*(3), 470-477, 2008.

The quest for multiscale brain modeling. D´Angelo, Egidio y Jirsa Viktor. *Trends in Neurosciences*, 45(10), 777-790 ,2022.

The neurocomputational basis to explore-exploit decisión-making. Hogeveen, Jeremy et al. *Neuron*, *110*, 1869-1879, 2022.

Understanding the human brain: Insights from comparative biology. *Trends in Cognitive Sciences*, *6*(5), 432-445, 2022.

Unfolding the evolution of human cognition. Miller, Jacob y Weiner, Kevin S. *Trends in Cognitive Sciences*, *26*(9), 735-737, 2022.

Why most published research findings are false. Ioannidis, John P. *PLOS Medicine*, *2*(8), 696-701, 2005.

Why the world does not exist. Marcus Gabriel-Review. Jeffries Stuart. *The Guardian*, 30 de octubre, 2015.

20 years of the default mode network: A review and synthesis. Menon Vinod. *Neuron*, *111*, 2469-2487, 2023.

Ética

Addressing neuroethics issues in practice: Lessons learnt by tech companies in AI ethics. Berger, Sara E. y Rossi, Francesca. *Neuron*, *110*, 2052-2056, 2022.

A neuroethics framework for the Australian brain initiative. Carter, Adrian y Richards, Linda. *Neuron*, *101*, 365-369, 2019.

Collective rule-breaking. Krause, Jens et al. *Trends in Cognitive Sciences*, *25*(12), 1082-1095, 2021.

Collision or convergence? Beliefs and politics in neuroscience discovery, ethics and intervention. Paylor, Ben et al. *Trends in Neuroscience*, *37*(8), 409-412, 2014.

Cognitive control and dishonesty. Speer, Sebastian y Bocksem, Marteen. *Trends in Cognitive Sciences*, *26*(9), 796-807, 2022.

Computational ethics. Awad, Edmon et al. *Trends in Cognitive Sciences*, *26*(5), 388-405, 2022.

La ética. Badiou, Alan. *Acontecimiento*. *3*(8), oct. 1994.

La neuroética: ¿Un neologismo infundado o una nueva disciplina? Slachevsky, Andrea. *Revista Chilena de Neuropsiquiatría*, *45*(1), 12-15, 2007.

El cerebro y Wall Street. López Mato, Omar. *Perfil*.

Hechos, valores, deberes... y neuronas. Carta al Director. Alvarez-Díaz, Jorge A. *Revista de Neurología*, *57*, 576, 2013.

Moral perception reflects neither morality nor perception. Chaz Firestone y Brian J. Scholl. *Trends in Cognitive Sciences*, 20(2), 75, 2016.

Moral perception. Ana P. Gantman y Jay J. Van Bavel. *Trends in Cognitive Sciences*, 19(11), 631-633, 2015.

Neuroscientific challenges to free will and responsibility. Roskies, Alina. *Trends in Cognitive Sciences*, 10(9), 419-423, 2006.

Neuroethics, neurochallenges: A needs-based research agenda. Illes, Judy; based on David Kopf *Annual Lecture on Neuroethics. Society of Neuroscience*. Atlanta, Georgia. 16 de octubre, 2006.

Neuroethics: Think global. Editorial. Romelfanger, Karen S. et al. *Neuron*, *363*, 2019.

Neuroethics in the age of brain projects. Greely, Henry T. et al. *Neuron*, *92*, 637-641, 2016.

Neuroética. Sánchez-Migallón Granados, Sergio y Giménez Amaya, José Manuel. *Enciclopedia filosófica on line*. URL: philosophica.info/archivo/20092008/voces/neuroetica/Neuroetica.html

Neuroética como neurociencia de la ética. Jorge Alberto Álvarez-Díaz. *Revista de Neurología*, *57*(8), 374-382, 2013.

Neuronas y valores. Muntané-Sánchez. Carta al Director. *Revista de Neurología*, *58*, 48, 2014.

Steps to Strengthen Ethics in Organizations: Research Findings, Ethics.

Placebos, and what works. Pope, Kenneth. *Journal of Trauma & Dissociation*. Enero 2015.

The developmental origins of fairness: The knowledge-behavior gap. Peter R. Blake, Katherine McAuliffe y Felix Warneken. *Trends in Cognitive Sciences*, *18*(11), 559-561, 2014.

The neural basis of the interaction between theory of mind and moral judgment. Young, L. et al. *PNAS*, *104*(20), 8235-8240, 2007.

The NIH BRAIN initiative: Integrating neuroethics and neuroscience. Ramos Khara, M. et al. *Neuron*, *101*, 394-398, 2019.

Timing of lifespan influences on brain and cognition. Walhovd, Kristine; Lövden, Martin y Fjell, Andrea. *Trends in Cognitive Sciences*, *27*(10), 901-915, 2023.

Toward a model of interpersonal trust drawn from neuroscience, psychology and economics. Krueger, F. y Meyer-Lindenberg, A. *Trends in Neurosciences*, *42*(2), 92-10, 2019.

Trustworthiness matters: Building equitable and ethical science. Reardon, Jenny et al. *Cell*, *186*(5), 894-898.

Estética

A means of healing and fighting stigma. Sukhanova, Ekaterina. *Psychiatry and Art*, 12 de marzo, 2013.

Alcances y limitaciones de las neurociencias cognitivas para el estudio del arte y la literatura. Guio Aguilar,

Esteban. Seminario Intercátedras Filosofía del Arte y Neuropsicología. UNMDP, 2013.

Así funciona el cerebro ante una obra abstracta. Cortés, Agathe. *El País* (España), 10 de agosto, 2020.

Deficiencia, discapacidad, neurología y arte. Cano de la Cuerda, Roberto y Collado-Vázquez, Susana. *Revista de Neurología, 51*(2), 108-116, 2010.

Dynamics of brain networks in the aesthetic appreciation. Cela Conde Camilo et al. *PNAS*. www.pnas.org/cgi/doi/10.1073/pnas.1302855110.

The art of medicine. Hearing the voice. Fernyhough, Charles. *The Lancet, 384*, 1090-1091, 2014.

Estética, neuroestética, descolonización. Fabiani, Nicolás, Actas XVIII Jornadas Nacionales de Estética y de Historia del Teatro Marplatense. Mar del Plata 2015.

Estética y neuroestética. Fabiani, Nicolás. *Revista IECE* (Mar del Plata), 2022.

Investigating the neural encoding of emotion with music. Stefan Koelsch. *Neuron, 98*(6), 1075-1079, 2018.

Individual Aesthetic Preferences for Faces Are Shaped Mostly by Environments, Not Genes. Gemina Laura.08.048 http://dx.doi.org/10.1016/j.cub.2015

El arte como instrumento de investigación: el papel del plano simbólico. Musso, Carlos G. y Enz, Paula A. *Revista del Hospital Italiano*, 33(1), 2013.

El eco cultural de la historia de la estética y y la neuroestética. Fabiani, Nicolás. XIX Jornadas Nacionales de Estética y de Historia del Teatro mar-platense - "Los ecos de Eco" Mar del Plata, 2016.

Entre la especulación filosófica y los procedimientos científicos. Objeciones a la neuroestética como nueva ciencia del arte. Guio Aguilar, Esteban. Presentación Jornadas IECE Mar del Plata, 2013.

La captación estética. Conti, Romina. Actas XV Jornadas Marplatenses de Estética y Historia del Teatro Marplatense, 2012.

La impostura del arte contemporáneo. Vargas Llosa, Mario. *La Nación*, 25 de julio, 2016.

La fórmula de la belleza. Ciencia y poesía. Suplemento Futuro, *Página 12,* 29 de enero, 2005.

Por qué la Mona Lisa del Louvre sonríe y la del Prado no. Boyano, José. BBC Mundo, 13 de noviembre, 2021.

¿Qué es hoy una obra maestra? Ser único en la era digital. Oliva, Lorena. *La Nación*, 11 de septiembre, 2016.

The surprise element: A hallmark of creativity in scientists, artists, and comedians. Goldstein, John. *Cell, 184*(21), 5261-5265, 2021.

Viaje al corazón de la poética bouleziana. Gianera, Pablo. *La Nación*, 4 de junio, 2015.

Viaje al interior de El jardín de las delicias, el mayor hit de El Bosco. Rodriguez Yebra, Martin. *La Nación*, 1 de junio, 2016.